Hesse/Schrader
Training Schriftliche Bewerbung

Anschreiben – Lebenslauf –
E-Mail- und Online-Bewerbung

STARK

Liebe Leserin, lieber Leser,

mit diesem Buch erhalten Sie auch eine CD-ROM. Um auf die Inhalte zugreifen zu können, müssen Sie vor dem Gebrauch folgenden Code eingeben:

S1303T

Auf der CD-ROM

- Videos mit persönlichen Tipps von Hesse / Schrader
- zahlreiche Mustervorlagen als Grundlage für die eigene Bewerbung: klassisch oder kreativ. (Greifen Sie über den »Arbeitsplatz« auf Ihr CD-Laufwerk zu und öffnen Sie den Ordner »Mustervorlagen«: Hier finden Sie die Beispiele zum Bearbeiten.)
- Tests zum Ermitteln der eigenen Stärken

Die Autoren

Jürgen Hesse, Jahrgang 1951, Diplom-Psychologe im Büro für Berufsstrategie, Berlin.
Hans Christian Schrader, Jahrgang 1952, Diplom-Psychologe in Baden-Württemberg.

Anschrift der Autoren

Hesse / Schrader
Büro für Berufsstrategie
Oranienburger Straße 4 – 5
10178 Berlin
Tel. 030 288857-0
Fax 030 288857-36
www.hesseschrader.com

Im Internet unter
www.berufsstrategie-plus.de

Zugangscode: schriftlich15

- Zusatzmaterialien zum Thema schriftliche Bewerbung
- Im Buch gekennzeichnet durch den unterstrichenen Link *www.berufsstrategie-plus.de*

Die in diesem Band verwendeten Personenbezeichnungen schließen selbstverständlich beide Geschlechter ein, auch wenn teilweise nur die männliche Form verwendet wird, um einen besseren Lesefluss zu gewährleisten.

Verlag und Autoren bedanken sich bei den auf den Bewerbungsfotos abgebildeten Personen und bei den Fotografen Katy Otto, Regine Peter und Antonius, bei denen das Copyright für die Fotos in diesem Buch liegt.

ISBN 978-3-86668-977-0

© 2016 by Stark Verlagsgesellschaft mbH & Co. KG
www.berufundkarriere.de
1. Auflage 2015

Inhalt

Auf der CD-ROM

Hier finden Sie über 50 Bewerbungsmuster, Videos und Trainings-Tools.

Das genaue Inhaltsverzeichnis der CD-ROM befindet sich auf der vorderen Umschlaginnenseite.

Fast Reader

Dieses Buch wird Sie in die Lage versetzen, außergewöhnlich überzeugende schriftliche Bewerbungsunterlagen zu erstellen, die Ihnen Einladungen zu Vorstellungsgesprächen einbringen. Egal ob auf **klassische (auf Papier, per Post versandt)** oder **digitale Weise (E-Mail-Versand und Onlineformular)**, der Türöffner zum Vorstellungsgespräch sind Ihre Bewerbungsunterlagen. Diese müssen einen interessanten und kompetenten Eindruck beim Personalchef hinterlassen. Denn nur wer Interesse weckt, hat gute Chancen, sich auch persönlich vorstellen zu dürfen.

Nur noch knapp 40 Prozent aller Bewerbungen werden heutzutage »auf Papier« und per (klassischer) Post versandt. Ein immer größer werdender Anteil (aktuell etwa 55 Prozent) wählt die digitale Form per E-Mail mit Dateianhang. Aber auch diese Variante erfordert ein Konzept der Selbstdarstellung und ist bis auf die E-Mail-Maske und deren Text identisch mit der klassischen schriftlichen Form. Die restlichen etwa 5 Prozent sind Onlineformular-Bewerbungen. Und selbst für diese digitale Abfrageform brauchen Sie fast immer noch zusätzlich Ihren Lebenslauf und häufig sogar auch noch ein Anschreiben, das Sie nach dem Ausfüllen »hochladen« dürfen.

Früher oder später müssen also nahezu alle Kandidaten eine überzeugende Papierform ihres beruflichen Werdeganges präsentieren. Ob nun in Form einer klassischen Mappe (und per Post versandt) oder digital als Datei (angehängt an eine E-Mail): Es bleibt die Herausforderung, sich zu überlegen, auf welche Weise Sie Ihren beruflichen Werdegang (Lebenslauf) schriftlich darstellen wollen. Spätestens beim oder nach dem ersten persönlichen Gespräch (oftmals aber auch nach einem vorab geführten Telefoninterview) werden Sie aufgefordert, Ihre Bewerbungsunterlagen mitzubringen bzw. nachzureichen. Man will damit eine erste Arbeitsprobe sehen.

Genauso wichtig ist die mentale Vorbereitung, die Auseinandersetzung mit sich und seinen Fähigkeiten, um hieraus ein besonders attraktives Mitarbeitsangebot zu gestalten, das den Arbeitsplatzanbieter von Ihren besonderen Problemlösungsfähigkeiten überzeugt.

Unser beruflicher Hintergrund: Seit über 30 Jahren beraten wir in unserem Büro für Berufsstrategie erfolgreich Bewerber. Aus unserer täglichen Berufspraxis wissen wir, worauf es wirklich ankommt und wie man einen neuen Arbeitsplatz bekommt. Das Unternehmen, bei dem Sie sich bewerben, soll die Hoffnung bekommen, Sie könnten die anstehenden Probleme besser lösen, die Arbeitsaufgaben effizienter bewältigen als andere Kandidaten.

Wir zeigen Ihnen in diesem Buch, wie Sie Ihre Bewerbungsunterlagen optimal erstellen – Schritt für Schritt – vom **Anschreiben** über den sogenannten **Lebenslauf** bis hin zum **Profil**. Aber auch **Kurzbewerbung**, **Flyer**, **Anlagen**, die Handhabung von **E-Mail** und **Onlineformularen**, **Bewerbungsfoto** und **Versand** kommen nicht zu kurz. Mithilfe von Beispielen erfolgreicher Unterlagen, aber auch Negativbeispielen, können Sie sehen, was gut ankommt und was nicht. Im Buch stoßen Sie immer wieder auf **Praxisbeispiele**, **Merkblöcke**, **Lerntests** und mögliche **Stolperfallen**. Weitere Beispielbewerbungen und viele zusätzliche Infos zum gesamten Bewerbungsverfahren finden Sie auf der **CD-ROM**, die diesem Buch beiliegt. Sie können Mustervorlagen in Ihr Textverarbeitungsprogramm übernehmen und mit Ihren eigenen Daten überschreiben.

Vorbereitung

BEWERBUNG BEDEUTET WERBUNG IN EIGENER SACHE

Wer sich bewirbt, steht vor der nicht ganz leichten Aufgabe, Werbung in eigener Sache machen zu müssen: für die eigene Person und für die dem Arbeitgeber angebotene Dienstleistung. Im Klartext: Es geht jetzt darum, Ihr Know-how, Ihre Problemlösungs-Erfahrung, Ihre Arbeitskraft überzeugend zu präsentieren und erfolgreich zu »vermarkten«.

Mit Ihrer schriftlichen Bewerbung geben Sie eine Art Visitenkarte ab, eine allererste Arbeitsprobe. Damit erzeugen Sie beim potenziellen Arbeitgeber einen ersten (hoffentlich positiven) Eindruck. Im Grunde haben Sie es – auch wenn Sie sich als klassischer Arbeitnehmer verstehen – eigentlich wie ein Unternehmer mit »Kunden« zu tun, den »Einkäufern« der von Ihnen angebotenen Arbeitskraft.

Das Problem ist also: Wie überzeugen Sie den potenziellen »Kunden« (Arbeitsplatzanbieter), sich für die von Ihnen angebotene »Dienstleistung« (Ihre Arbeitskraft, Ihre Fähigkeiten) zu entscheiden (zunächst einmal mit der ersten Konsequenz, Sie zu einem Vorstellungsgespräch einzuladen)?

Der überzeugend formulierten schriftlichen Selbstdarstellung mittels beeindruckender, (nahezu) perfekt gestalteter Bewerbungsunterlagen kommt dabei eine entscheidende Bedeutung zu. Gute Bewerbungsunterlagen öffnen Ihnen die richtigen Türen zu Vorstellungsgesprächen **in genau den Berufsfeldern und Unternehmen, in denen Sie auch wirklich arbeiten wollen**.

Ihr Bewerbungsvorhaben weist Parallelen zu gut gestalteten Werbeprospekten auf, die dem Kunden die Entscheidung leicht machen sollen, sich für den Kauf bestimmter Waren zu entscheiden. Den Vergleich »Werbeprospekt und Bewerbungsunterlagen« werden wir später weiter vertiefen, zunächst aber Folgendes:

Bei der Erstellung Ihrer schriftlichen Bewerbungsunterlagen steht nicht die »Eroberung« eines Arbeitsplatzes im Vordergrund. Das können auch die besten Papiere nicht leisten, sondern nur Sie selbst in einem Vorstellungsgespräch. Ziel ist also die Einladung zu einem solchen Vorstellungsgespräch. Es bietet Ihnen die Möglichkeit, persönlich aufzutreten und zu überzeugen.

Ihre Bewerbungsunterlagen sollten also etwas Essenzielles über Sie und Ihre Fähigkeiten, über Ihr Angebot zur Mitarbeit aussagen und dadurch eine Einladung zum Vorstellungsgespräch bewirken. Das ist Sinn und Zweck Ihrer Aktion. Und dabei wird Ihnen dieses Buch entscheidend helfen.

MERKBLOCK

Sich ohne Vorbereitung an die Erstellung der schriftlichen Bewerbungsunterlagen zu machen ist vergleichbar mit dem Versuch, ohne Mehl und Zucker einen Kuchen zu backen …

WISSEN, WORAUF ES WIRKLICH ANKOMMT

Die zentrale Frage und Herausforderung zu Beginn Ihrer (schriftlichen) Bewerbungsaktivitäten lautet: Was ist Ihre »Botschaft« und wie gelingt es Ihnen, diese optimal »rüberzubringen«?

Wir haben es mit einer Werbeaktion in eigener Sache zu tun. Daher ist es nicht nur gerechtfertigt, sondern auch hilfreich, sich zu verdeutlichen, dass Sie mit Ihren schriftlichen Bewerbungsunterlagen eine Art »Verkaufsprospekt« herstellen. Dieser besteht üblicherweise aus mehreren Unterlagen, unabhängig ob Sie ihn per Post oder per E-Mail verschicken oder nach dem Ausfüllen eines Online-formulars hochladen:

- Bewerbungsanschreiben
- Lebenslauf
- Foto
- Arbeits- und Zeugniskopien

Weitere Anlagen können sein:

- Zertifikate über besondere Fortbildungen, Kurse usw.
- evtl. eine Handschriftenprobe
- in seltenen Fällen Referenzen / Empfehlungen oder gar das polizeiliche Führungszeugnis

Bevor Sie sich der Aufgabe widmen, eine Botschaft in eigener Sache zu entwickeln (s. S. 43 ff.), sollten Sie sich vorbereiten. Sie müssen verstehen, worauf es ankommt, wie die Spielregeln lauten. Studieren, recherchieren, probieren – und handeln. Sie sind bereits mittendrin und lernen in Crashkurs-Manier die wichtigsten Grundlagen, die entscheidenden Weichensteller kennen.

Was bin ich für ein Esel gewesen

Lange Zeit habe ich mich immer gewundert, warum meine schönen Bewerbungsunterlagen mir so wenige Einladungen zum Vorstellungsgespräch eingebracht haben. Auf wirklich sorgfältig ausgewählte Stellenausschreibungen, zu denen meine Qualifikationen bestens passten, erhielt ich lediglich bei etwa jeder zehnten Bewerbung einen Anruf und im Verlauf ein Telefoninterview und noch seltener direkt eine Einladung zum Vorstellungsgespräch. Bis ... ja, bis ein Profi sich meiner Unterlagen annahm und mir aufzeigen konnte, dass allein im Anschreiben drei große Flüchtigkeitsfehler waren und sich im Lebenslauf weitere zwei versteckten. Als der Schaden behoben war, bekam ich auf vier Aussendungen eine direkte Einladung und zwei Telefoninterviews, auf die dann eine weitere Einladung zu einem persönlichen Gespräch folgte. Hatte ich zuvor ein gutes Dreivierteljahr ohne Erfolg herumlaboriert, fand ich innerhalb von weniger als drei Monaten einen neuen Superjob.

Zum Einstieg zeigen wir Ihnen einige Beispielbewerbungen. Erkennen Sie den Unterschied?

Die 8 häufigsten Fehler bei der schriftlichen Bewerbung

- Mangelndes Bewusstsein, worauf es bei der schriftlichen Bewerbung wirklich ankommt
- Gravierende Versäumnisse bei der gezielten Vorbereitung auf die schriftliche Bewerbungssituation
- Fehlerhaftes Wissen um die Bedeutung von Anschreiben, Lebenslauf, Zeugnissen und anderen Anlagen
- Die eigenen Potenziale weder wirklich zu kennen noch gezielt vermitteln zu können
- Keine persönliche Botschaft für den Empfänger durchdacht und aufbereitet zu haben
- Keine oder mangelhafte Vorbereitung im Sinne einer gezielten Recherche
- Den eigenen Marktwert (Stichwort Gehalt) nicht zu kennen
- Sich gar nicht erst schriftlich zu bewerben, sei es aus Unkenntnis, Unsicherheit oder Bequemlichkeit

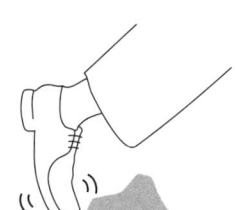

Variante 1

Variante 2

Birgit Müller / E-Mail-Varianten (Kommentar Seite 15)

BIRGIT MÜLLER
HASENSPRUNG 1A
14194 BERLIN (WILMERSDORF)
TELEFON: 0 30 / 8 12 82 70

ABC Maschinen GmbH
Personalabteilung
Herrn Kaiser
Wrangelstr. 28
10997 Berlin

Berlin, den 01. Februar 2015

Ihre Anzeige in der Berliner Morgenpost vom 30.01.2015
Sachbearbeiterin

Sehr geehrte Damen und Herren!

Hiermit beziehe ich mich auf die o. g. Stellenanzeige und übersende Ihnen meine Bewerbungsunterlagen. Ich glaube, dass ich gut Ihr Team mit meiner Person bereichern werde, und möchte gerne für Sie arbeiten.

Ich denke an eine Position mit beruflicher Verantwortung, in der ich meine Kenntnisse voll nutzen und weitere Erfahrungen sammeln kann.

Ich bin ausgebildete Industriekauffrau und habe mich im Bereich Informationsmanagement weitergebildet. Langjährige umfassende Erfahrungen in Büro-Administration und selbstständiger Sachbearbeitung in der Chemiebranche ergänzen mein Profil.

Zurzeit bin ich in einer vom Arbeitsamt geförderten EDV-Fortbildungsmaßnahme. Deshalb könnte ich Ihnen sehr kurzfristig zur Verfügung stehen. Weitere Details zu meinem Werdegang und meiner Person können Sie auch den beigefügten Unterlagen entnehmen.

In einem persönlichen Gespräch würde ich Sie gern davon überzeugen, dass ich vielseitig und aktiv tätig sein kann, um Ihr Unternehmen mit meiner Person zu bereichern.
Ich verbleibe

Hochachtungsvoll

Birgit Müller

Birgit Müller

PS: Ab der letzten Februar-Woche bin ich für 10 Tage verreist, höre aber regelmäßig meinen Anrufbeantworter ab, sodass mich Ihre Nachricht sicherlich erreichen wird.

Anlagen

Birgit Müller / Anschreiben / Schlechte Version (Kommentar Seite 15)

Lebenslauf

Persönliche Daten:

Name   Birgit Müller

Anschrift   Hasensprung 1 A
                        14194 Berlin (Wilmersdorf)
                        Tel. 0 30 / 8 12 82 70

Geburtsdatum   27.09.1971

Familienstand   geschieden, keine Kinder

Schulbildung

1981 – 1991   Haupt- und Handelsschule Hamburg

1991 – 1995   Ausbildung zur Industriekauffrau Hamburg

1996 – 1999   Staatliches Abendgymnasium Hamburg
                        Abschluss: Abitur

Beruflicher Werdegang

1995 – 1999   Industriekauffrau Hamburg

10/1999 – 06/2004   Chefsekretärin
                        Chemie AG München

07/2004 – 03/2013   Informationsmanagement
                        Pharma Grün München

04/2013 – 12/2014   Informationsmanagement
                        Altvater Chemie-Werke AG Berlin

Weiterbildung

04/2004 – 03/2008   Ausbildung als staatl. geprüfte Dokumentarin
                        Anerkennungsjahr
                        Institut für Dokumentation München

Berlin, den 01. Februar 2015

Birgit Müller / Lebenslauf / Schlechte Version (Kommentar Seite 15)

BIRGIT MÜLLER
HASENSPRUNG 1A
14194 BERLIN (WILMERSDORF)
TELEFON: 030 8128270
B.MUELLER@GMX.DE

ABC Maschinen GmbH
Personalabteilung
Herrn Kaiser
Wrangelstr. 28
10997 Berlin

Berlin, 1. Februar 2015

Ihre Anzeige in der Berliner Morgenpost vom 30.01.2015
Sachbearbeiterin

Sehr geehrter Herr Kaiser,

in Ihrer Anzeige beschreiben Sie einen Arbeitsbereich, der mich in höchstem Maße interessiert und auch meinen Fähigkeiten und Neigungen voll entspricht.

Kurz zu meiner Person:
Ich bin ausgebildete Industriekauffrau und habe mich im Bereich Informationsmanagement erfolgreich weitergebildet. Langjährige umfassende Erfahrungen in Büro-Administration und anspruchsvoller, selbstständiger Sachbearbeitung in der Chemiebranche ergänzen mein Tätigkeitsprofil.

Aktuell befinde ich mich in einer vom Arbeitsamt geförderten EDV-Fortbildungsmaßnahme und könnte Ihnen deshalb auch sehr kurzfristig zur Verfügung stehen.

Über eine Einladung zum Vorstellungsgespräch freue ich mich
und verbleibe

mit freundlichem Gruß

Birgit Müller

Anlagen

Birgit Müller / Anschreiben / Verbesserte Version (Kommentar Seite 15)

Bewerbungsunterlagen

BIRGIT MÜLLER

HASENSPRUNG 1A

14194 BERLIN (WILMERSDORF)

TELEFON: 030 8128270

B.MUELLER@GMX.DE

Birgit Müller / Deckblatt / Verbesserte Version (Kommentar Seite 15)

Birgit Müller

* 27.09.1971 in Hamburg

unverheiratet, keine Kinder, mobil

Angestrebte Tätigkeit: Sachbearbeiterin

Berufserfahrung

04 / 2013 – 12 / 2014	**Altvater Chemie-Werke AG** **Berlin** Position: Informationsmanagement Literaturrecherchen, Datenbankarbeit, Öffentlichkeitsarbeit
07 / 2004 – 03 / 2013	**Pharma Grün** **München** Position: Informationsmanagement Informationsplanung, Organisation, Fachkorrespondenz, Erstellung von Werbemitteln
04 / 2004 – 03 / 2008	**Institut für Dokumentation** **München** Ausbildung u. Anerkennungsjahr als staatl. geprüfte Dokumentarin Schulung in Informationsmanagement, EDV u. Wirtschaftsenglisch
10 / 1999 – 06 / 2004	**Chemie AG** **München** Position: Chefsekretärin
1995 – 1999	**Industriekauffrau** **Hamburg**

Schul- und Berufsausbildung

1996 – 1999	**Staatliches Abendgymnasium** **Hamburg** Abschluss: Abitur
1991 – 1995	**Ausbildung zur Industriekauffrau** **Hamburg**
1981 – 1991	**Haupt- und Handelsschule** **Hamburg**

Birgit Müller / Lebenslauf / Verbesserte Version (Kommentar Seite 15)

Sprachkenntnisse

sehr gute Englischkenntnisse in Wort und Schrift
gute Orthografie-, Interpunktions- und Grammatikkenntnisse
der deutschen Sprache
Korrespondenzerfahrung

EDV-Erfahrung

Textverarbeitung mit Word
Tabellenkalkulation mit Excel
Präsentationserstellung mit Power Point

Kurzschrift

gute Stenografiekenntnisse und schreibtechnische Fertigkeiten

Führerschein

Klasse B

Engagement

Mitglied im Naturwissenschaftlichen Verein Berlin

Interessen

Wandern, Literatur des Bethel-Kreises

Zu meiner Person

Mein Lebenslauf steht für kontinuierliche **Weiterbildung**, **Leistungsbereitschaft** und **Lernfähigkeit**.
Das Abitur am Abendgymnasium und die Qualifizierung zur Dokumentarin belegen dies.

Ich verfüge über **fundierte Erfahrungen** in den Bereichen **Organisation** und **Administration**.
Zu betonen sind meine guten Sprachkenntnisse und deren Anwendungssicherheit.

Die Arbeit hat in meinem Leben, da ich Single bin, einen besonderen Stellenwert, sodass Arbeitsaufgaben für mich eine wichtige Rolle spielen.

Ich würde mich sehr gern mit vollem Engagement der von Ihnen beschriebenen Aufgabe widmen.

Berlin, 1. Februar 2015

Birgit Müller

ZU DEN UNTERLAGEN VON BIRGIT MÜLLER

Die Kandidatin verschickt ihre Unterlagen per E-Mail und hat dafür zwei verschiedene Texte entworfen.

Kommentar zur Mail-Variante 1

Hier hat die Bewerberin extrem unglücklich getextet. Sie richtet die Mail an eine anonyme Pool-Adresse und spricht Herrn Kaiser auch nicht namentlich an – so ist nicht garantiert, dass ihn die Bewerbung überhaupt erreicht. Auch die Bezeichung für den Anhang (sie verwendet ihren Spitznamen) ist recht ungünstig gewählt. Mit dieser Mail hat die Bewerberin keine großen Chancen auf Erfolg.

Kommentar zur Mail-Variante 2

Viel besser! Die Bewerberin hat die E-Mail-Adresse von Herrn Kaiser, ihrem Ansprechpartner, herausgefunden und schickt ihm die E-Mail direkt. Sie weist im Text auf die Anlagen hin und fasst noch einmal kurz ihre Ausgangssituation und ihre Kompetenzschwerpunkte zusammen. Das macht den Empfänger neugierig weiterzulesen! Die Signatur (auch Abbinder genannt) informiert über die wichtigsten Kontaktdaten der Kandidatin. Hier ist jetzt auch die Bezeichnung für die Datei im Anhang gut gewählt.

Schlechte Version

Wie schlicht dieses erste **Anschreiben** und der einseitige **Lebenslauf** sind, erschließt sich nicht erst, wenn man beide mit der 2. Version verglichen hat. Trotzdem: Die Anrede »Sehr geehrte Damen und Herren« ist ein gravierender Fehler, insbesondere dann, wenn offensichtlich ein Ansprechpartner bekannt ist (Herr Kaiser). Aber auch die langweilige Standarderöffnung ist nicht empfehlenswert. Zudem fehlt die E-Mail-Adresse.

»Ich glaube ...«, »Ich denke ...«, »Ich bin ...« sind Satzanfänge, die in dieser Form ein weiteres Lesen kaum wahrscheinlich werden lassen. Die Zeilenführung ist schlecht und die Stilblüte zum Abschluss (»... mit meiner Person zu bereichern«) wird nur noch durch das altmodische »Hochachtungsvoll« getoppt. Aber auch die maschinenschriftliche Wiederholung des Namens sowie das »PS« sind gute Beispiele, wie man es *nicht* machen sollte. Unterschreiben Sie stets so, dass man Ihre Unterschrift entziffern kann. Und wenn Sie ein »PS« verwenden, dann schreiben Sie hier etwas Wichtiges, das für Sie spricht.

Der kurze einseitige **Lebenslauf** (»geschieden« ist sehr unglücklich formuliert) mit dem viel zu kleinen, schlecht proportionierten **Foto** löst keine Neugier auf die Bewerberin aus. Die Form ist einfach zu schlicht, zu langweilig. Hinzu kommt die Frage, was die Kandidatin aktuell eigentlich macht. Sie suggeriert, noch beschäftigt zu sein, und provoziert gleichzeitig deutliche Nachfragen. Dabei sollte ziemlich schnell der aktuelle Status herauskommen, und der so fragende Personalentscheider wird sich wie ein Detektiv fühlen, womöglich mit der sehr wahrscheinlichen Konsequenz für die Bewerberin, sie abzulehnen. Auch die Formulierung »Berlin, den 01. Februar 2015« schreibt man in dieser Form nicht mehr, und man vergisst auch nicht zu unterschreiben. Aber aus Fehlern lernen wir. Alles in allem: Der Misserfolg dieser Bewerbung ist garantiert.

Verbesserte Version

Ein angenehm kurzes **Anschreiben** verdeutlicht, dass die Bewerberin sich auf eine Anzeige meldet, ohne vorab telefoniert zu haben (leider!). Da sie der Anzeige aber den Namen entnehmen konnte, ist eine direkte Ansprache trotzdem möglich. Die Kandidatin stellt sich kurz vor und schließt selbstbewusst (ohne Konjunktiv) mit der Formulierung »über eine Einladung ... freue ich mich«. Insgesamt ein gut und ansprechend gestaltetes Anschreiben, das sicher positive Aufmerksamkeit weckt. Die gewählte Präsentationsform löst bestimmt Interesse aus. Obwohl sich die Kandidatin offensichtlich aus der Arbeitslosigkeit (bzw. Fortbildung) heraus bewirbt, hat sie eine interessante Vortragsform gefunden (und eine gute Zeilenführung, die den Gedanken unterstützt). Auf den nachfolgenden Seiten umgeht sie geschickt das problematische Thema Arbeitslosigkeit.

Die grafische Gestaltung (**Deckblatt** – konsequente Fortsetzung des Briefkopfes) ist auf den folgenden Seiten sehr ansprechend gewählt, einfallsreich und gleichzeitig übersichtlich. Das fast quadratische Fotoformat ist ein echter »Hingucker«. Jetzt sehen wir mehr, und das **Foto** schafft es, eine freundliche, sympathische Beziehung zum Betrachter aufzubauen. →

Beachten Sie auch, dass der Kopf ein wenig »angeschnitten« ist. Wir haben hier noch eine Alternative. Welche bevorzugen Sie?

Alternativbild zu den Bewerbungsunterlagen von Birgit Müller. Vergleichen Sie dazu die Bewerbungsfotos auf S. 10 und S. 12.

Die für die **berufliche Entwicklung** gewählte knappe Präsentationsform kommt ohne die traditionelle Überschrift »Lebenslauf« aus (sehr gut) und beinhaltet ein gutes Maß an Information. Die Themenabfolge »Berufserfahrung« – »Schul- und Berufsausbildung« überzeugt sofort. Die besonderen Kenntnisse und Fähigkeiten werden vielleicht sogar etwas zu massiv dargestellt bzw. wiederholt. Die Abschnitte »Engagement« und »Interessen« führen sicherlich zu Nachfragen, und das unten angefügte Statement ist nicht nur außergewöhnlich, sondern auch ein guter Grund für eine Einladung. Natürlich fehlen nur hier im Buch aus Platzgründen die Anlagen und das Anlagenverzeichnis.

Einschätzung: Ein sehr gutes Auftaktbeispiel.

MERKBLOCK

Sie können sich heutzutage bei fast jedem Arbeitsplatzanbieter mit einer E-Mail-Bewerbung vorstellen und Ihre Mitarbeit anbieten. Googeln Sie das Unternehmen, auf der Firmen-Homepage finden Sie die E-Mail-Adresse.

Selbstreflexion

Wir alle kennen das Phänomen: Für eine fremde Sache oder andere Personen können wir uns viel besser engagieren; es gelingt uns häufig, die Interessen anderer viel erfolgreicher zu vertreten als unsere eigenen Belange. Erwiesenermaßen versagen oft auch erfolgreiche Top-Führungskräfte, wenn es darum geht, die eigenen Qualitäten und Leistungen in der Prüfungssituation Bewerbung prägnant auf den Punkt zu bringen und überzeugend darzustellen.

Es ist daher gerade im Bewerbungsprozess wichtig, sich über die eigene Situation – persönlich wie beruflich – klar zu werden und die eigenen Stärken und Fähigkeiten herauszuarbeiten.

Die folgenden Fragen werden Ihnen bei der Selbstreflexion helfen. Beantworten Sie die Fragen bitte schriftlich. Versuchen Sie, aus den Antworten zu jeder einzelnen Frage Schlüsselworte zu entwickeln, die Ihre Situation treffen.

Zur persönlichen Situation

- Was haben Sie bisher in Ihrem Leben erreicht?
- Was haben Sie bisher trotz guter Vorsätze nicht erreicht und warum nicht?
- Was missfällt Ihnen an Ihrer jetzigen persönlichen Situation?
- Was möchten Sie an Ihrer jetzigen persönlichen Situation am schnellsten ändern, und was kann noch warten?
- Wie sieht Ihre Partner- bzw. Familiensituation aus?
- Wer fördert oder behindert Sie in Ihrer persönlichen Entwicklung?
- Welchen Einfluss auf Ihre persönlichen Zielvorstellungen und Entscheidungen haben Ihr/-e Partner/-in, Ihre Kinder, Freunde und andere Bezugspersonen?
- Welche Ihrer persönlichen Eigenschaften und Fähigkeiten sind für Ihre Mitmenschen besonders wertvoll und wichtig?

- Welchen Einfluss hätte Ihre angestrebte Berufstätigkeit vermutlich auf Ihr Privatleben, und welchen Einfluss hat Ihr Privatleben umgekehrt auf Ihren Beruf?
- Welche persönlichen Gründe sprechen gegen einen Arbeitsplatz-, Branchen- oder Berufswechsel?
- Welche persönlichen Gründe sprechen gegen einen Ortswechsel?
- Fühlen Sie sich einer deutlichen Veränderung Ihres Lebensumfeldes gewachsen?

Zur beruflichen Situation

- Was haben Sie bisher beruflich erreicht?
- Was haben Sie bisher trotz aller Vorsätze beruflich nicht erreicht? Woran lag das?
- Wie entsteht bei Ihnen berufliche Zufriedenheit oder Unzufriedenheit?
- Was missfällt Ihnen an Ihrer jetzigen beruflichen Situation?
- Was möchten Sie an Ihrer jetzigen beruflichen Situation am schnellsten ändern? Was kann noch warten?
- Welche Ihrer beruflichen Kenntnisse und Fähigkeiten sind für Ihren zukünftigen Arbeitgeber und Ihre Kollegen besonders wertvoll und wichtig?
- Fühlen Sie sich in beruflicher Hinsicht zurzeit eher über- oder unterfordert?
- Welche Gründe gibt es dafür?
- Wie kommen Sie mit Ihren Vorgesetzten und Kollegen aus?
- Welche beruflichen Förderer haben Sie? Wer legt Ihnen Steine in den Weg?
- Welche Position streben Sie an?
- Wie viel wollen Sie verdienen?
- Welche Chancen für Entwicklung und Aufstieg haben Sie an Ihrem jetzigen Arbeitsplatz?
- Wie sind die generellen Zukunftsaussichten an Ihrem Arbeitsplatz (in Ihrer Branche, in Ihrem Beruf)?

- Welche beruflichen Schwierigkeiten sehen Sie in der Zukunft für sich?
- Sind Sie mit den Leistungen (Bezahlung, Sozialleistungen, Extras) Ihres jetzigen Arbeitgebers zufrieden?
- Welchen Einfluss auf Ihre beruflichen Zielvorstellungen und Entscheidungen haben Ihr/-e Partner/-in, Ihre Kinder, Freunde und andere Bezugspersonen?
- Welche Gründe sprechen für einen beruflich begründeten Ortswechsel?
- Sind Sie flexibel?
- Trauen Sie sich zu, eine völlig neue berufliche Aufgabe zu übernehmen?

Es steht außer Zweifel: Jeder Mensch besitzt im persönlichen wie im beruflichen Bereich Qualitäten. Die Frage ist nur, ob Sie diese wirklich kennen und in der schriftlichen Bewerbung angemessen darstellen können, sodass Ihr Gegenüber, der Leser Ihrer Bewerbungsunterlagen, Interesse an Ihrer Person bekommt und den Wunsch hat, Sie persönlich kennenzulernen.

Sie kommen also höchstwahrscheinlich nicht darum herum, eine neue Form der Selbstdarstellung zu erlernen. Für die Bewerbungssituation – ob als Berufseinsteiger oder beim Arbeitsplatzwechsel – gelten spezielle Spielregeln und Kommunikationsformen. Gerade in dieser Situation ist es jetzt besonders notwendig, sich selbst gut zu managen, sich erfolgreich zu vermarkten.

Aus der Welt der Werbung kennen wir dafür die Bezeichnung »USP«. Sie steht für *unique selling proposition* und bedeutet in der Übersetzung ungefähr: besonderes Verkaufs- oder auch Alleinstellungsmerkmal. Sie wissen: Es gibt jede Menge Erfrischungsgetränke. Dazu zählen auch koffeinhaltige Limonaden. Bei einer speziellen Marke geht es aber um viel mehr. Es geht um eine Art Lifestyle, eine Ideologie, ein nationenübergreifendes Gefühl. Wir meinen – Sie wissen es längst – Coca-Cola. Neben Geschmack, Aussehen und den typisch durstlöschenden Eigenschaften hat dieses Produkt noch etwas mehr zu bieten. Und das macht für den Käufer den besonderen Nutzen aus. Das eben ist der USP, das Unterscheidungsmerkmal gegenüber anderen ähnlichen Getränken.

Rechts und auf der nächsten Seite sehen Sie eine Einschätzungsliste wichtiger Fach- und Persönlichkeitsmerkmale. Was fällt Ihnen zu einzelnen Merkmalen, was zu den Merkmalsgruppen insgesamt ein? Wo liegen Ihre Stärken, wo Ihre Schwächen? Welche Botschaft lässt sich aus Ihren positiven Fähigkeiten für Ihren »Kunden«, den potenziellen Arbeitgeber, formulieren? Mit welchen Defiziten müssen Sie sich ernsthaft auseinandersetzen, wenn Sie Ihre Dienstleistung erfolgreich vermarkten wollen? Welche Schwächen können Sie getrost vernachlässigen?

In einem zweiten Schritt sollten Sie dann mit einem farbigen Stift jeweils die Qualifikationsmerkmale markieren, von denen Sie glauben, dass sie von Arbeitgebern Ihres Wunschbereichs erwartet und für wichtig gehalten werden. Der Vergleich dieser beiden Profile (Selbstbild vs. imaginäres Idealbild) zeigt Ihnen den Unterschied zwischen Wunsch und Wirklichkeit. Verbinden Sie die Markierungen zur besseren Anschaulichkeit mit einer Linie und denken Sie darüber nach, was Ihnen das Ergebnis sagen könnte.

Die folgende Selbstbeurteilungsskala wird Ihnen dabei helfen, Ihren persönlichen Standort etwas detaillierter zu bestimmen. Sie finden eine umfangreiche Liste von Kompetenzmerkmalen. Wie schätzen Sie sich selbst bezüglich der aufgeführten Fähigkeiten ein? Es geht zunächst allein um Ihre persönliche Einschätzung.

7 = sehr stark ausgeprägt
6 = deutlich ausgeprägt
5 = ausgeprägt
4 = teils / teils
3 = weniger ausgeprägt
2 = schwach ausgeprägt
1 = sehr schwach ausgeprägt

Merkmalsgruppe 1

Sensibilität	1	2	3	4	5	6	7
Zuhörfähigkeit	1	2	3	4	5	6	7
Kontaktfähigkeit	1	2	3	4	5	6	7
Aufgeschlossenheit	1	2	3	4	5	6	7
Teamorientierung	1	2	3	4	5	6	7
Kooperationsfähigkeit	1	2	3	4	5	6	7
Anpassungsfähigkeit	1	2	3	4	5	6	7
Kompromissbereitschaft	1	2	3	4	5	6	7
Diplomatie	1	2	3	4	5	6	7
Verhandlungsgeschick	1	2	3	4	5	6	7
Integrationsvermögen	1	2	3	4	5	6	7
Überzeugungspotenzial	1	2	3	4	5	6	7
Begeisterungsfähigkeit	1	2	3	4	5	6	7
Durchsetzungsfähigkeit	1	2	3	4	5	6	7
Motivationsfähigkeit	1	2	3	4	5	6	7
sprachliches Ausdrucksvermögen	1	2	3	4	5	6	7
schriftliches Ausdrucksvermögen	1	2	3	4	5	6	7

rhetorische Fähigkeiten	1	2	3	4	5	6	7
Teamfähigkeit	1	2	3	4	5	6	7
Anpassungsbereitschaft	1	2	3	4	5	6	7
soziale Kompetenz	1	2	3	4	5	6	7
Kommunikationsfähigkeit	1	2	3	4	5	6	7

Merkmalsgruppe 2

Zielstrebigkeit	1	2	3	4	5	6	7
Selbstbewusstsein	1	2	3	4	5	6	7
Verantwortungs-bewusstsein	1	2	3	4	5	6	7
Kritikfähigkeit	1	2	3	4	5	6	7
Selbstbeherrschung	1	2	3	4	5	6	7
Zuverlässigkeit	1	2	3	4	5	6	7
Toleranzfähigkeit	1	2	3	4	5	6	7
Unerschrockenheit	1	2	3	4	5	6	7

Merkmalsgruppe 3

Risikobereitschaft	1	2	3	4	5	6	7
Entscheidungsfähigkeit	1	2	3	4	5	6	7
Sicherheitsdenken	1	2	3	4	5	6	7
Delegationsbereitschaft	1	2	3	4	5	6	7
Belastbarkeit	1	2	3	4	5	6	7
Stresstoleranz	1	2	3	4	5	6	7
Lebensfreude	1	2	3	4	5	6	7
Flexibilität	1	2	3	4	5	6	7
Repräsentationsvermögen	1	2	3	4	5	6	7

Merkmalsgruppe 4

Arbeitsmotivation/-wille	1	2	3	4	5	6	7
Tatkraft	1	2	3	4	5	6	7
Führungsmotivation/-wille/-fähigkeit	1	2	3	4	5	6	7
Eigeninitiative	1	2	3	4	5	6	7
Autonomie	1	2	3	4	5	6	7
Durchsetzungsfähigkeit	1	2	3	4	5	6	7
Selbstvertrauen	1	2	3	4	5	6	7
Ehrgeiz	1	2	3	4	5	6	7
Zielstrebigkeit	1	2	3	4	5	6	7
Durchhaltevermögen	1	2	3	4	5	6	7
Frustrationstoleranz	1	2	3	4	5	6	7
Erfolgsorientierung	1	2	3	4	5	6	7
Vitalität	1	2	3	4	5	6	7
Leistungsbereitschaft	1	2	3	4	5	6	7
Idealismus	1	2	3	4	5	6	7
Identifikationsbereit-schaft mit dem Unternehmen/der Institution	1	2	3	4	5	6	7
Kommunikationsfähigkeit	1	2	3	4	5	6	7

Merkmalsgruppe 5

Autonomie	1	2	3	4	5	6	7
Selbstständigkeit	1	2	3	4	5	6	7
Verantwortungs-bewusstsein	1	2	3	4	5	6	7
Unabhängigkeit	1	2	3	4	5	6	7
Zuverlässigkeit	1	2	3	4	5	6	7
Selbstdisziplin	1	2	3	4	5	6	7
Stresstoleranz	1	2	3	4	5	6	7
Ausdauer	1	2	3	4	5	6	7
Belastbarkeit	1	2	3	4	5	6	7
Geduld	1	2	3	4	5	6	7
Pflichtbewusstsein	1	2	3	4	5	6	7
Loyalität	1	2	3	4	5	6	7

Merkmalsgruppe 6

analytisches Denken	1	2	3	4	5	6	7
konzeptionelles Planen	1	2	3	4	5	6	7
planvolles Vorgehen	1	2	3	4	5	6	7
kombinatorisches Denken	1	2	3	4	5	6	7
effiziente Arbeitsorga-nisation	1	2	3	4	5	6	7
Entscheidungsvermögen	1	2	3	4	5	6	7

Merkmalsgruppe 7

Kosten-Nutzen-Bewusstsein	1	2	3	4	5	6	7
unternehmerisches Denken	1	2	3	4	5	6	7
systematische Arbeitsorganisation	1	2	3	4	5	6	7
Zieldefinitionsfähigkeit	1	2	3	4	5	6	7
Arbeitseffizienz	1	2	3	4	5	6	7
gesunder Materialismus	1	2	3	4	5	6	7
physische Fitness	1	2	3	4	5	6	7
gesundheitliches Wohlbefinden	1	2	3	4	5	6	7
psychische Konstitution	1	2	3	4	5	6	7
Selbstkontrollfähigkeiten	1	2	3	4	5	6	7

LERNTEST

1. Lerntest: Bringen Sie die folgenden Antworten in die richtige Reihenfolge! Das Allerwichtigste zuerst …

Worauf kommt es in einer Bewerbungssituation hauptsächlich an?

a) auf Ihr Äußeres
b) auf Ihre Qualifikationen
c) auf Ihre Erfahrungen
d) auf Ihr Selbstvertrauen
e) auf Ihre Unterstützer

Die richtige Lösung finden Sie im nächsten Lerntest auf S. 43.

Die 8 größten Irrtümer beim schriftlichen Bewerben

- Man habe es immer mit Auswahl-Profis zu tun, die ganz genau wüssten, was sie wollen
- Der Empfänger der Bewerbungsunterlagen werde sich damit intensiv beschäftigen und diese genau lesen
- Nur die besten Bewerber hätten eine Chance, eingeladen zu werden
- Arbeitgeber sowie Personaler wüssten, wie man Bewerber professionell auswählt
- In der Anzeige (egal ob Print- oder E-Medien) sei das, was dort steht, auch wirklich genau so gemeint
- Wenn man Fragen zur ausgeschriebenen Position habe, dürfe man diese nicht vorab stellen
- Nach dem Absenden der Bewerbungsunterlagen könne man nichts mehr machen, um seine Chancen zu verbessern
- Man bekomme eine ehrliche Antwort auf die Frage, warum man nicht eingeladen wurde

Welche Fähigkeiten sind bei Ihnen besonders ausgeprägt? Und welche Ihrer Fähigkeiten machen Ihnen besondere Freude? Wenn Sie diese Fragen nicht beantworten können, hilft Ihnen vielleicht die folgende Liste von Verben, Ihre Begabungen zu beschreiben. Unterstreichen Sie zunächst die Wörter, die Ihre Stärken bezeichnen. Fügen Sie weitere Fähigkeiten hinzu, die Ihrer Meinung nach in der Liste fehlen. Überlegen Sie dann, in welchen Berufen diese Fähigkeiten gebraucht werden. Hüten Sie sich davor, aus Ihren Talenten gleich auf eine bestimmte Berufsrichtung zu schließen, denn Talente können in vielen verschiedenen Berufen eingesetzt werden. Halten Sie sich zunächst noch alle Türen offen.

analysieren anbieten anbringen anleiten annähern anpassen anpreisen anregen anwerben arrangieren auflösen aufnehmen aufstellen aufwerten ausdehnen ausdrücken ausgraben ausstellen auswählen bauen beantworten bedienen beeinflussen befragen begreifen behandeln bekommen beliefern benutzen beobachten beraten berichten beschützen bestellen betreuen bewerten beziehen darstellen definieren dekorieren diagnostizieren dienen drucken einführen einordnen einschätzen einsetzen einspringen empfangen empfehlen entdecken entscheiden entwickeln erfinden erforschen erhalten erinnern erklären erstellen erneuern erreichen erschaffen erwerben

erzählen fahren festigen feststellen finanzieren folgen formen formulieren fotografieren fühlen führen geben gebrauchen gestalten gewinnen großziehen gründen halten heben helfen herausgeben herausfinden herausziehen herstellen hervorheben identifizieren illustrieren improvisieren informieren inspizieren integrieren interviewen kochen komponieren kommunizieren kontrollieren koordinieren kritisieren lehren leiten lernen lesen liefern lösen malen manipulieren meistern motivieren nachforschen nähen nehmen organisieren planen programmieren publizieren rechnen reden rehabilitieren reisen reparieren restaurieren richten riskieren sammeln schreiben singen sortieren spielen sprechen steuern systematisieren tanzen teilen testen trainieren treffen trennen überblicken übergeben überprüfen übersetzen überwachen überzeugen umschreiben unterhalten unternehmen unterrichten unterstützen verantworten verarbeiten verbalisieren verbessern verbinden vereinen vergrößern verhandeln verkaufen verkleinern versammeln verschreiben versöhnen versorgen verstärken verstehen vertreiben vertreten vervollständigen verweisen visualisieren voraussagen vorbereiten vorführen vorstellen vorwegnehmen wiederfinden wiegen zeichnen zeigen züchten zuhören zusammenbauen zusammenfassen

Sie haben jetzt erarbeitet, wo Ihre Stärken liegen. Sie haben sich vergegenwärtigt, was Ihre Interessen sind, was Sie besonders gerne machen. Diese Erkenntnis hilft Ihnen sowohl bei der Berufswahl als auch bei der Wahl des richtigen Unternehmens. Mit Ihrem persönlichen Profil können Sie bei der Jobsuche zielgerichtet vorgehen.

Vor einer Bewerbung sollten Sie sich gründlich über die Unternehmen informieren, die infrage kommen. Finden Sie heraus, welche Aufgaben und Projekte im Mittelpunkt stehen, welche Bedürfnisse, Probleme und Herausforderungen damit verbunden sind. Welche Ziele werden verfolgt? Welche Hindernisse sind zu überwinden? Überlegen Sie sich dann, wie Sie bei der Verwirklichung der Unternehmensziele mithelfen können. Schließlich wollen Sie in Ihren Bewerbungsunterlagen und im Vorstellungsgespräch vor allem zeigen, dass Sie etwas anzubieten haben, was gebraucht wird und was gerade Sie aus der Menge potenzieller oder sogar vorhandener Kandidaten deutlich positiv heraushebt.

Einstellung

Stellen Sie sich vor: Sie sind in Hollywood. Was Sie da machen? Eigentlich logisch, Sie sind im Filmbusiness tätig: als Filmproduzent. Sie entscheiden, in welches Filmgenre Sie das Ihnen anvertraute Geld investieren. Soll es ein Western, Krimi, Kriegsfilm, eine Komödie oder ein Liebesfilm werden? Sie tragen Verantwortung, müssen sich entscheiden. Der Film soll beim Publikum gut ankommen. Sie haben eine Botschaft zu vermitteln. Nach der Entscheidung für das Genre suchen Sie sich einen Drehbuchautor, einen Regisseur, und bei der Besetzung der Hauptrolle entscheiden Sie mit.

Im Bewerbungsverfahren werden all diese Positionen von Ihnen ausgefüllt. Sie sind Ihr eigener Produzent, entscheiden, wie und vor allem als was Sie sich präsentieren wollen. Sie schreiben selbst Ihr Drehbuch, entwickeln eine Dramaturgie, setzen sich mit Ihren Bewerbungsunterlagen in Szene – zunächst auf dem Papier. Später, wenn Sie eingeladen werden, sind logischerweise Sie der Hauptdarsteller (in eigener Sache).

Begreifen Sie, welche Möglichkeiten Sie haben. Nachdem Sie wissen, wer Sie sind und was Sie anzubieten haben, geht es um Konzept und Planung Ihrer Bewerbungsunterlagen. Ein Beispiel haben Sie bereits gesehen, gleich folgen weitere. Vielleicht gefällt Ihnen diese oder jene Darstellungsweise besonders gut.

Jetzt stehen Sie vor der Aufgabe, zu entscheiden, wie Ihre Unterlagen aussehen sollen. Dabei geht es nicht um das (ganz) Äußere, die Papiersorte, die Form der Bindung, die Präsentation (klassisch oder digital), sondern zunächst darum, welche Seiten Sie grundsätzlich planen, mit welchen Informationen und Botschaften Sie sich an den Leser wenden wollen.

Folgende Elemente sind vorstellbar:

- eine erste Seite als Titelblatt
- eine Seite mit Ihrem Foto, den persönlichen Daten, Erfahrungen o. Ä.
- mehrere Seiten zu den Stationen Ihres Berufslebens, zum beruflichen Ausbildungs- und Werdegang
- eine Extraseite zu Aus- bzw. Fortbildungen oder Arbeitsschwerpunkten, zu besonderen Fähigkeiten, Interessen, Hobbys etc.
- vielleicht eine Dritte Seite mit einer besonderen Botschaft an den Leser Ihrer Bewerbungsunterlagen
- eine Seite Anlagenverzeichnis
- mehrere Seiten mit sinnvollen Anlagen wie Arbeits- und Ausbildungszeugnissen

Ob in dieser oder in einer ganz anderen Abfolge, ob mit Extraseite oder gleich ohne Deckblatt hinein in Ihren beruflichen Werdegang, Ihre Entwicklung: Sie müssen sich vorab überlegen, wie Sie Ihren Werbeprospekt in eigener Sache gestalten wollen.

Am wichtigsten ist dabei Ihre Botschaft an den Leser. Ihr Ziel: Sie müssen den Leser Ihrer Unterlagen »einfangen«. Er soll sich »festlesen«, Interesse an Ihrer Person entwickeln, Sie unbedingt kennenlernen wollen und deshalb zum Vorstellungsgespräch einladen.

Schauen wir uns erst noch einige weitere Beispiele in der Vorher-nachher-Version an. Achten Sie auch auf die verschiedenen Elemente der Bewerbung und die Abfolge, das »Drehbuch«.

Variante 1

Variante 2

Markus Claussen
Staatl. geprüfter Hotelbetriebswirt
Wilfriedstr. 45
33649 Bielefeld
Tel.: 0521 3572948
E-Mail: M.Claussen@gmx.de

Hotel Deutsches Haus
Personalabteilung
Schwarzer Weg 23
24939 Flensburg

Bielefeld, den 03.10.2015

Ihre Stellenanzeige

Sehr geehrte Damen und Herren,

hiermit möchte ich mich auf Ihre Stellenanzeige bewerben, da mich die ausgeschriebene Position sehr reizt und ich nach Flensburg übersiedeln möchte, da meine Frau dorthin beruflich versetzt wurde.

Seit Januar 2014 bin ich Verkaufsleiter in ungekündigter Position in einem Kongresshotel in Bielefeld und bin dort für 10 Mitarbeiter verantwortlich. Die von Ihnen verlangten Anforderungen decke ich größtenteils durch meine bisherige Berufserfahrung ab. Sollten meine Kenntnisse in dem einen oder anderen Bereich nicht ausreichend sein, bin ich auch gern bereit, mich jederzeit weiterzubilden. Ich hoffe, dass die Gelegenheit zur Fortbildung in Ihrem Betrieb unterstützt wird. Ferner ist mir ein kooperativer Führungsstil unter Berücksichtigung von Teamstrukturen wichtig. Dies würde ich gern in der von Ihnen ausgeschriebenen Position anwenden.

Ich würde mich sehr freuen, wenn ich mit dieser Bewerbung Ihr Interesse geweckt habe und Sie mich zu einem persönlichen Gespräch einladen würden.

Mit freundlichen Grüßen

Markus Claussen

Lebenslauf

Markus Claussen / Anschreiben / Schlechte Version (Kommentar Seite 32)

Lebenslauf

Markus Claussen

geboren am 04.04.1979 in Stuttgart

verheiratet, zwei Kinder, 12 und 16 Jahre alt

Schule und berufliche Ausbildung

08/86 – 06/95	Grund- und Hauptschule in Willingen
07/95 – 07/98	Ausbildung zum Koch im Höhenhotel Berghaus, Wesslingen/Neckar
09/04 – 06/05	Weiterbildung: Berufsoberschule in Münster (Fachhochschulreife)

Fachschulstudium

09/07 – 06/09	Wirtschaftsfachschule für Hotellerie und Gastronomie in Dortmund
25.06.2009	Abschlussprüfung zum staatlich geprüften Betriebswirt für das Hotel- und Gaststättenwesen mit bestandener Ausbildereignungsprüfung

Seminare und Praktika

07 – 10/08	Reservierungs- und Empfangsabteilung Praktikum im Hotel Astro, Wiesbaden
01 – 06/09	Reservierungs- und Verkaufsabteilung Praktikum im Hotel v. Korff, Berlin-Charlottenburg
01/09	Prüfung zum „Anerkannten Fachberater für deutschen Wein" Deutsches Weinbauinstitut, Mainz
03/12	Public Relations im Hotel- und Gaststättengewerbe Karla Dicks, Chefredakteurin NGZ service manager
09/13	– Controlling – Produkt-Marketing und Werbung – strategische Unternehmensführung Seminare bei der Unternehmensberatung Hell, Berlin

Markus Claussen / Anschreiben / Schlechte Version (Kommentar Seite 32)

Berufsausübung

07/95 – 07/98	Ausbildung zum Koch Höhenhotel Berghaus, Wesslingen/Neckar
01/99 – 03/00	Koch Hotel-Restaurant Zur Linde, Heilbronn
04/00 – 03/01	Demi-Chef Entremetier Hotel Hirsch, Fellbach/Schwarzwald
04/01 – 12/02	Chef-Entremetier Hotel-Restaurant Rössle, Waldenburg bei Stuttgart
01/03 – 08/04	Kfm. Angestellter Verkauf (Gastronomie, Abt. Food) REWE-Süd-Großhandel, Spellbach
07/05 – 03/06	Chef-Entremetier / Chef de Rotisseur Hotel-Restaurant Poch, Bellingen
04/06 – 08/07	Stellvertretender Küchenchef (Sous-Chef) Hotel-Restaurant Poch, Bellingen
07/09 – 06/10	Direktionsassistent Astro Hotel, Wiesbaden
07/10 – 12/13	Verkaufsleiter / stellv. Geschäftsführer ABC-Hotel GmbH, Berlin-Tiergarten

Sprachkenntnisse

Englisch in Wort und Schrift (fließend)
Französisch (gute Kenntnisse)

EDV-Kenntnisse

Reservierungssystem „Fidelio-Micro", „HORES",
„RIO 80862"
Windows 7 und 8, Microsoft Office

Bielefeld, 03.10.2015

Markus Claussen / Lebenslauf / Schlechte Version (Kommentar Seite 32)

VORSICHT!
Schlechte
Version!

Markus Claussen
Staatl. geprüfter Hotelbetriebswirt

Wilfriedstr. 45
33649 Bielefeld
Tel.: 0521 3572948
E-Mail: M.Claussen@gmx.de
XING: xing.to/mclaussen

Herrn
Direktor Berghausen
Hotel Deutsches Haus
Schwarzer Weg 23
24939 Flensburg

Bielefeld, 03.10.2015

Ihre Anzeige im Flensburger Tageblatt vom 27.09.2015 / Unser Telefonat

Sehr geehrter Herr Berghausen,

vielen Dank für das informative Telefongespräch am gestrigen Nachmittag.
Wie besprochen hier meine vollständigen Bewerbungsunterlagen.

Ich bin Betriebswirt für das Hotel- und Gaststättenwesen
(Studium in Dortmund an der Wirtschaftsfachschule),
36 Jahre alt, ursprünglich gelernter Koch und
zurzeit in einem Hotel mit 280 Betten in Bielefeld
als Verkaufsleiter in ungekündigter Stellung tätig.

Aus persönlichen Gründen möchte ich mein Wirkungsfeld
nach Flensburg verlagern und bin sehr daran interessiert,
Ihr Haus und das in unserem gestrigen Telefonat
besprochene Aufgabengebiet näher kennenzulernen.

Auf eine persönliche Begegnung mit Ihnen freue ich mich

und grüße Sie herzlich aus Bielefeld

Markus Claussen

Anlage: Bewerbungsunterlagen

Bewerbungsunterlagen

für Herrn Direktor Berghausen
Hotel Deutsches Haus, Flensburg

Markus Claussen
Staatl. geprüfter Hotelbetriebswirt
Wilfriedstr. 45
33649 Bielefeld

Tel.: 0521 3572948
E-Mail: M.Claussen@gmx.de
XING: xing.to/mclaussen

Markus Claussen / Deckblatt / Verbesserte Version (Kommentar Seite 32)

Lebenslauf

Zur Person	Markus Claussen staatlich geprüfter Betriebswirt für das Hotel- und Gaststättenwesen geboren am 04.04.1979 in Stuttgart verheiratet, zwei Kinder, 12 und 16 Jahre alt
Angestrebte Position	Direktor Verkauf und Marketing
Ausgangssituation	seit 01.2010 Verkaufsleiter in ungekündigter Position Kongresshotel Beierhoff, Bielefeld, ein 280-Betten-Haus Personalverantwortung: 10 Mitarbeiter Etatverantwortung: 500 000 EUR

Beruflicher Werdegang

07/10 – 12/13	**Verkaufsleiter / stellv. Geschäftsführer** „ABC"-Hotel GmbH, Berlin-Tiergarten
07/09 – 06/10	**Direktionsassistent** Hotel „Astro", Wiesbaden
04/06 – 08/07	**Stellvertretender Küchenchef (Sous-Chef)** Hotel-Restaurant „Poch", Bellingen
07/05 – 03/06	**Chef-Entremetier / Chef Rôtisseur** Hotel-Restaurant „Poch", Bellingen
01/03 – 08/04	**Kfm. Angestellter Verkauf (Gastronomie, Abt. Food)** REWE-Süd-Großhandel, Spellbach
04/01 – 12/02	**Chef-Entremetier** Hotel-Restaurant „Rössle", Waldenburg bei Stuttgart
04/00 – 03/01	**Demi-Chef Entremetier** Hotel „Hirsch", Fellbach / Schwarzwald
01/99 – 03/00	**Koch** Hotel-Restaurant „Zur Linde", Heilbronn
07/95 – 07/98	**Ausbildung zum Koch** Höhenhotel „Berghaus", Wesslingen / Neckar

---

Markus Claussen • Staatlich geprüfter Hotelbetriebswirt • Wilfriedstraße 45 • 33649 Bielefeld

Markus Claussen / Lebenslauf / Verbesserte Version (Kommentar Seite 32)

Seminare und Praktika

09/13	**• Controlling** **• Produkt-Marketing und Werbung** **• strategische Unternehmensführung** Seminare bei der Unternehmensberatung Hell, Berlin
03/12	**Public Relations im Hotel- und Gaststättengewerbe** Karla Dicks, Chefredakteurin NGZ service manager
01/09	**Prüfung zum „Anerkannten Fachberater für Deutschen Wein"** Deutsches Weinbauinstitut, Mainz
01 – 06/09	**Reservierungs- und Verkaufsabteilung** Praktikum im Hotel v. Korff, Berlin-Charlottenburg
07 – 10/08	**Reservierungs- und Empfangsabteilung** Praktikum im Hotel Astro, Wiesbaden

Schulische und berufliche Ausbildung

08/86 – 06/95	Grund- und Hauptschule in Willingen
07/95 – 07/98	Ausbildung zum Koch im Höhenhotel „Berghaus", Wesslingen/Neckar
09/04 – 06/05	Weiterbildung: Berufsoberschule Münster (Fachhochschulreife)

Fachschulstudium

09/07 – 06/09	Wirtschaftsfachschule für Hotellerie und Gastronomie, Dortmund
25.06.2009	**Abschlussprüfung zum staatlich geprüften Betriebswirt für das Hotel- und Gaststättenwesen mit bestandener Ausbildereignungsprüfung**

Studienfächer:
- Betriebswirtschaftslehre
- Betriebliches Rechnungswesen
- Touristik- und Hotel-Marketing
- Angewandte Datenverarbeitung (EDV)
- Technologie des Hotel- und Gaststättengewerbes
- Praxisorientierte Fallstudien
- Rechts- und Steuerlehre
- Englisch/Französisch
- Berufs- und Arbeitspädagogik (AEVO)

Markus Claussen • Staatlich geprüfter Hotelbetriebswirt • Wilfriedstraße 45 • 33649 Bielefeld

Markus Claussen / Lebenslauf / Verbesserte Version (Kommentar Seite 32)

Sprachkenntnisse	Englisch in Wort und Schrift (fließend) Französisch (gute Kenntnisse)
EDV-Kenntnisse	Reservierungssysteme „Fidelio-Micro", „HORES", „RIO 80862" Windows 7 und 8, Microsoft Office
Engagement	Vollmitglied in der Hotel Sales and Marketing Association (HSMA), German-Chapter, Region 1
Sonstiges	Führerschein Klasse B
Hobbys	Mein Beruf, hier insbesondere Marketing und Werbung Blues und Jazz (ich spiele Saxofon) Reisen, Fotografieren, mit Holz arbeiten

Was Sie sonst noch über mich wissen sollten:

*Meine Handlungsweise ist geprägt vom Umgang
mit Menschen sowie dem Streben nach optimaler
Dienstleistung und größtmöglicher Zufriedenheit des
mir anvertrauten Gastes. Dabei wird mein Denken
durchaus auch von betriebswirtschaftlichen Zahlen
bestimmt. Ökonomische Zusammenhänge schnell
zu erfassen, analytisch auszuwerten, um auf dieser
Basis nach neuen, effektiveren Lösungen zu suchen,
ist Grundlage meiner unternehmerischen Aktivitäten.*

Bielefeld, 03.10.2015

Markus Claussen

Markus Claussen • Staatlich geprüfter Hotelbetriebswirt • Wilfriedstraße 45 • 33649 Bielefeld

Markus Claussen / Lebenslauf / »Dritte Seite« / Verbesserte Version (Kommentar Seite 32)

Anlagen / Inhaltliche Gliederung

Arbeitszeugnisse / Referenzen

- ABC-Hotel GmbH, Berlin-Tiergarten
- Astro Hotel, Wiesbaden
- Hotel-Restaurant Poch, Bellingen
- REWE-Süd-Großhandel, Spellbach
- Hotel-Restaurant Rössle, Waldenburg
- Hotel Hirsch, Fellbach
- Hotel-Restaurant „Zur Linde", Heilbronn

Seminare / Praktika

- Grundkurs Excel
- Grundkurs MS-Windows
- Controlling
- Produkt-Marketing und Werbung
- Strategische Unternehmensführung
- Public Relations im Hotel- und Gaststättengewerbe
- Anerkannter Berater für deutschen Wein
- Praktikums-Zeugnis Hotel „v. Korff"
- Praktikums-Zeugnis Hotel „Astro"

Ausbildungszeugnisse

- Abschlusszeugnis zum staatlich geprüften Betriebswirt
  für das Hotel- und Gaststättengewerbe,
  Wirtschaftsfachschule für Hotellerie und Gastronomie,
  Dortmund
- Ausbildereignungsprüfung, IHK Dortmund
- Berufsoberschule, Münster
- Fachgehilfenbrief zum Koch,
  Höhenhotel Berghaus, Wesslingen / Neckar

Markus Claussen • Staatlich geprüfter Hotelbetriebswirt • Wilfriedstraße 45 • 33649 Bielefeld

Markus Claussen / Anlagenverzeichnis / Verbesserte Version (Kommentar Seite 32)

ZU DEN UNTERLAGEN VON MARKUS CLAUSSEN

Kommentar zur Mail-Variante 1

Der Kandidat schickt seine Bewerbung an eine anonyme Pooladresse und nimmt sich zudem nicht einmal die Zeit, eine Anrede zu formulieren – diese Mail wird vermutlich sofort gelöscht.

Kommentar zur Mail-Variante 2

Der Bewerber schickt seine Mail direkt an den zuständigen Herrn Berghausen und gibt auch seine berufliche Ausgangssituation an. Schon sehr viel besser!

1. Version

Ein schlicht gestaltetes **Anschreiben** mit unklarer Betreffzeile, das niemanden anspricht. Die Anrede sowie der erste Satz sind schlecht gewählt (»da … da …«), der kleine Formfehler in der Datumszeile ist fast noch verzeihlich. Wie kann man nur so ungeschickt argumentieren? Sie werden es uns nicht glauben, häufig erhalten wir solche Texte zur Begutachtung. Eine Einladung bekäme der Kandidat bei dieser Argumentation im Anschreibentext nicht.

Der **Lebenslauf** wird auf auf zwei Seiten präsentiert. Das **Foto** ist leider viel zu klein. Der Kandidat lächelt zwar – das weit aufgeknöpfte Hemd ist aber nicht akzeptabel. Der Aufbau des Lebenslaufs entspricht der alten, aber immer noch gängigen Form (von der ältesten zur neuesten Station) und ist damit keinesfalls so schlecht wie das Anschreiben, unterschlägt jedoch so wichtige Punkte wie die aktuelle Beschäftigung (Kongresshotel in Bielefeld) und auch Rubriken wie Sonstiges, Interessen und Hobbys. Er ist eindeutig langweilig und ohne Glanz. Das merkt man besonders, wenn man vergleicht und sieht: Es geht auch ganz anders in der Darstellung.

2. Version

Ein angenehm kurzes **Anschreiben** bringt die Botschaft schnell und souverän auf den Punkt. Hier wurde vorab telefoniert, um die Unterlagen vorher anzukündigen! Übrigens: eine interessante, heutzutage absolut zulässige Grußformel.

Die gewählte Form für das **Deckblatt** ist Ihnen als Leser jetzt bereits nicht mehr ganz so fremd. Das bemerkenswerte **Foto** im Querformat zeigt einen interessanten Kandidaten und ist fotografisch gut gemacht (attraktiv mit leichtem »Anschnitt«). Ein solches Bewerberfoto sieht man sich gerne länger an – und das ist ja auch intendiert, denn: Jetzt entsteht Sympathie, Interesse am Kandidaten, der Wunsch, diesen näher kennenzulernen. Dieses Foto verfügt über Kraft und vermittelt Ausstrahlung.

Die mit der Überschrift **Lebenslauf** versehene nächste Seite hat einen klassischen Aufbau (zur Person, beruflicher Werdegang), der aber geschickt ergänzt wurde (angestrebte Position, Ausgangssituation) und für den Leser sehr übersichtlich gestaltet ist. Dann folgt der berufliche Werdegang in aller gebotenen Ausführlichkeit von heute in die Vergangenheit, im Anschluss daran auf der nächsten Seite ergänzt durch Seminare und Praktika und den schulischen und beruflichen Ausbildungsgang. Unten auf den Seiten dienen die Absenderdaten der Orientierung.

Auf der nächsten Seite weitere Angebote. Einziger Kritikpunkt: Vielleicht etwas weniger Hobbys aufzählen (letzte Zeile!).

Nicht ganz neu für Sie als Leser ist jetzt das Einfügen einer weiteren Mitteilung. Diese ist wirklich ausdrucksstark formuliert, ebenfalls grafisch ansprechend gestaltet und vermittelt einen positiven Anreiz, den sich hier bewerbenden Kandidaten möglichst schnell einzuladen.

Erstmalig sehen Sie hier eine **Inhaltsübersicht** zu den weiteren Anlagen. Sie macht einen überzeugenden Eindruck.

Einschätzung: Die Bewerbungsunterlagen verdienen sicherlich die Note »2+« (wenn nicht besser).

SVEN OLSEN DIPLOM-BETRIEBSWIRT

MOMMSENSTRASSE 73 • 10629 BERLIN • TELEFON: 030 8814903 • E-MAIL: OLSEN@AOL.DE

Manpower Personaldienstleistungen
Personaldirektion
Wiesbadener Str. 40
12181 Berlin

Berlin, 2. Mai 2015

Bewerbung als Niederlassungsleiter
Ihre Anzeige im Nordberliner Kurier vom 25. April 2015

Sehr geehrte Damen und Herren,

nach dem freundlich-informativen Telefonat mit Herrn Heinrich erhalten Sie hier
meine Bewerbungsunterlagen. Im Folgenden eine kurze Darstellung meiner Person:

- Diplom-Betriebswirt, Kommunikationstechniker, 38 Jahre alt
- 9 Jahre IBM-Berufserfahrung, Gebietsleiter (Teamleiter)
- hoch motiviert, leistungsstark und zielorientiert
- Erfahrung in Personaldienstleistungen

Meine Gehaltsvorstellung liegt bei 80 000 Euro p. a. Der früheste Eintrittstermin
wäre der 1. Oktober 2015.

Über eine Einladung zu einem persönlichen Gespräch freue ich mich.
Mit freundlichen Grüßen

Anlagen

Sven Olsen / Anschreiben (Kommentar Seite 39)

**BEWERBUNGSUNTERLAGEN
KENNZIFFER 368**

MANPOWER PERSONALDIENSTLEISTUNGEN

SVEN OLSEN

Diplom-Betriebswirt

Mommsenstraße 73

10629 Berlin

Sven Olsen / Deckblatt (Kommentar Seite 39)

SVEN OLSEN DIPLOM-BETRIEBSWIRT

MOMMSENSTRASSE 73 • 10629 BERLIN • TELEFON: 030 8814903 • E-MAIL: OLSEN@AOL.DE

SVEN OLSEN

Mommsenstraße 73
10629 Berlin

Telefon: 030 8814903
E-Mail: olsen@aol.de
geboren am 13. August 1976 in Berlin
ledig, keine Kinder

RESÜMEE

berufliche und persönliche Kenntnisse, Erfahrungen und Fähigkeiten

IBM

Vom Trainee bis zum Gebietsleiter (Umsatz 8 Mio. Euro) habe ich mir, aufbauend auf dem Studium der Betriebswirtschaft, wichtige Kenntnisse und Fertigkeiten in der freien Wirtschaft angeeignet.

USA

Auslandserfahrung, mit Abschluss eines „High School Diploma", hat meinen Horizont wesentlich erweitert.

ZIEL

Zu meinen wichtigen persönlichen Eigenschaften gehört das Vermögen, mir Ziele zu setzen und diese dann gemeinsam mit meinen Partnern zu erreichen.

Sven Olsen / Resümee (Kommentar Seite 39)

SVEN OLSEN DIPLOM-BETRIEBSWIRT

MOMMSENSTRASSE 73 • 10629 BERLIN • TELEFON: 030 8814903 • E-MAIL: OLSEN@AOL.DE

LEBENSLAUF

BERUFSPRAXIS

Juni 2010
April 2015

IBM Telekom GmbH & Co. KG, Berlin
Gebietsleiter für Mitteldeutschland
Vertriebsbeauftragter

- Gebietsleiter (Teamleiter einer 4er-Gruppe)
  Umsatzverantwortung für 8 Mio. Euro
  Betreuung der autorisierten Händler
- Portefeuille-Analysen und Erarbeitung von Marketingstrategien
  Vertriebsbeauftragter für Multimedia
- Projektleiter für Industriemessen
- Projektleitung für die Neuentwicklung von
  CD-ROMs auf dem Telefonmarketingsektor

Febr. 2006
Juni 2010

IBM Telekom Deutschland, Frankfurt am Main
Bereich Feinmarketing

- Leitung eines Projektes für den Europäischen
  Markt im Bereich der Bankautomation
- Planung der Logistik und Materialbestellung

Jan. 2002
Dez. 2003

Job-Zeitarbeit GmbH
Bereichsstellenleiter

Sven Olsen / Lebenslauf (Kommentar Seite 39)

SVEN OLSEN DIPLOM-BETRIEBSWIRT

MOMMSENSTRASSE 73 • 10629 BERLIN • TELEFON: 030 8814903 • E-MAIL: OLSEN@AOL.DE

STUDIUM UND BERUFSAUSBILDUNG

Sept.	2004	Schule für Kommunikation und EDV, IBM Telekom
Febr.	2006	Abschluss: Kommunikationstechniker
Jan.	2004	Australienaufenthalt
Aug.	2004	
Okt.	1997	Fachhochschule für Wirtschaft, Hamburg
Sept.	2000	Abschluss: Diplom-Betriebswirt

SCHULAUSBILDUNG

April	1982	Carl-von-Ossietzky-Schule, Hamburg
Juni	1992	Grund- und Oberschule
Aug.	1994	Oberstufenzentrum für Wirtschaft, Hamburg
Juni	1996	Abschluss: Abitur
Aug.	1992	Austauschschüler in den USA
Juli	1993	High School in Baltimore / USA
		Abschluss: High School Diploma

WEITERE TÄTIGKEITEN

1996 bis Dez. 2001   zur Finanzierung des Studiums Tätigkeiten im Gastronomiebereich sowie als wissenschaftlicher Mitarbeiter bei Steuerberater Wilske, Hamburg

ENGAGEMENT UND HOBBYS

Leitung einer Jugendgruppe im Paritätischen Wohlfahrts-verband Berlin (Ausbildung zum Jugendleiter)

Golf und Tauchen
Mitglied im Golfclub Hohenkremmen

Berlin, 02. Mai 2015

SVEN OLSEN DIPLOM-BETRIEBSWIRT ————————

MOMMSENSTRASSE 73 • 10629 BERLIN • TELEFON: 030 8814903 • E-MAIL: OLSEN@AOL.DE

WIE ICH WURDE, WAS ICH BIN

Meine privaten und beruflichen Aufenthalte in angelsächsischen Ländern, wie den USA und Australien, prägten nachhaltig meinen Wunsch, in einem amerikanisch geführten Unternehmen zu arbeiten.

In neun Jahren vielseitiger IBM-Erfahrung, zunächst als Trainee und später als Gebietsleiter im Vertrieb, konnte ich mir einen sehr guten Überblick über das Zusammenspiel der verschiedenen Bereiche in einem Unternehmen erarbeiten. Mit Kundenkontakten auf jeder Ebene, Verkauf und Logistik bin ich bestens vertraut. Umsatz- und Marketingziele sind für mich persönliche Herausforderungen, denen ich mich gern und mit hohem Engagement stelle.

Teamgeist, Durchsetzungsvermögen und Lernbereitschaft kennzeichnen mich ebenso wie meine Fähigkeit, guten Kontakt zu Mitmenschen aufzubauen, um gemeinsam mit ihnen etwas zu bewegen und zu erreichen.

Sven Olsen / »Dritte Seite« (Kommentar Seite 39)

ZU DEN UNTERLAGEN VON SVEN OLSEN

Ein kurzes, knappes, sehr übersichtliches **Anschreiben** eröffnet den Reigen – leider nur mit der globalen Anrede »Sehr geehrte Damen und Herren«, da ein konkreter Ansprechpartner trotz eines Telefonats nicht ausfindig zu machen war. Wirklich schade, denn was bereits hier zum Ausdruck kommt, hätte umso mehr Gewicht, wenn sich der »personalverantwortliche« Empfänger und Leser persönlich angesprochen fühlen könnte. Immerhin bezieht sich der Kandidat auf ein telefonisches Vorabgespräch mit Herrn Heinrich, um dann auf den Punkt zu kommen: Er liefert eine gelungene Kurzpräsentation der vier wichtigsten Botschaften: beruflicher Ausbildungshintergrund und Alter, Berufserfahrung, persönliche Eigenschaften und spezielle berufliche Kenntnisse.

Die dann aufgeführten Daten zur Gehaltsvorstellung und zum frühesten Eintrittstermin sind Sonderinformationen, die der Kandidat anbietet, weil sie in der Anzeige ausdrücklich gewünscht wurden.

Das **Deckblatt** ist schlicht, aber übersichtlich und bietet eventuell bereits Platz für das **Foto**. Die präsentierten Angaben zu Absender und Empfänger sind sinnvoll reduziert (z. B. Verzicht auf die Anschrift des Empfängers, Weglassen der Telefonnummer des sich bewerbenden Absenders).

Die sich anschließende **erste Seite** mit persönlichen Daten, **Foto** und Resümee überrascht in ihrer klaren und präzisen Gestaltung. Die gewählte Überschrift (Resümee) mit Erklärungszeile sowie die drei folgenden Kurztitel der Infoblöcke verführen zum Lesen und sind inhaltlich wirklich spannend gestaltet. Grafisch exzellent aufgebaut, lässt sich mit kurzem Blick das Wesentliche schnell erfassen, und man wird neugierig auf die folgenden Seiten. Schon jetzt sind die Weichen für den Kandidaten positiv

gestellt. Ebenfalls sehr angenehm: die ästhetische Kopfzeile mit Namen und Berufsbezeichnung. Der Leser der Unterlagen weiß also stets, mit wem er es zu tun hat.

Apropos Ästhetik: Wenig Text und viel an weißer Seite lassen die Beschäftigung mit den Unterlagen nie schwer oder mühevoll erscheinen. Die geschickt gewählte Schrifttype und -art (Großbuchstaben bei den Überschriften) tragen ganz wesentlich dazu bei.

Beim **Lebenslauf** wird mit der Berufspraxis und den aktuellen Daten begonnen. Auch hier finden sich wieder alle guten Eigenschaften, die wir auf den vorangegangenen Seiten positiv gewürdigt haben (interessante, präzise Informationen, sehr ästhetisch und damit leicht lesbar präsentiert, also keine Bleiwüste, keine Angst vor dem weißen Papier).

Die nächste Seite informiert über Studium, Berufs- und Schulausbildung und endet mit Informationen zu Engagement und Hobbys.

Für Sie als Leser vielleicht noch neu: Die von uns sogenannte **Dritte Seite** (hier eine Botschaft auf einer Extraseite) hat eine recht provokant gewählte Überschrift, die aber durch den folgenden Inhalt gerechtfertigt erscheint. Gliederung und relativ kurze Absätze machen den Text nicht nur gut lesbar, sondern tragen mit dazu bei, die Botschaft glaubwürdig zu vermitteln. Die hier getroffenen Aussagen runden das gute Eindrucksbild des Bewerbers ab und führten übrigens trotz Arbeitslosigkeit zu einer ganzen Serie von Einladungen – mit der Konsequenz, dass sich unser Kandidat unter mehreren attraktiven Arbeitsplatzangeboten das interessanteste aussuchen konnte.

Zu guter Letzt: Das hier nicht gezeigte **Anlagenverzeichnis** fehlt nur aus Platzgründen.

Einschätzung: Top! Sehr, sehr gut.

Bewerbungsunterlagen

Schritt für Schritt möchten wir jetzt mit Ihnen gemeinsam Ihre Bewerbungsunterlagen planen und schließlich auch umsetzen. Einige Beispiele kennen Sie bereits. Wie könnte nun Ihr »Werbeprospekt« aussehen?

Nicht ohne Grund beginnen wir an dieser Stelle mit einem Hinweis auf das Bewerbungsanschreiben. Gut formuliert, sollte es Aufmerksamkeit und Interesse wecken und so der ideale Auftakt sein. Am liebsten würden Sie damit jetzt direkt anfangen. Wir aber schlagen Ihnen vor, das Anschreiben zuallerletzt anzugehen. Übrigens: Es wird auch meistens nicht zuerst gelesen.

Erstaunt? Bei den zahlreichen Bewerbungsunterlagen, die z. B. nach einer Stellenanzeige eintreffen, wendet sich der Personalverantwortliche lieber gleich dem sogenannten Lebenslauf, also Ihrer eigentlichen Bewerbungsmappe zu. So kann er schnell feststellen, ob die Bewerberin oder der Bewerber überhaupt infrage kommt – oder ob die Unterlagen schnellstmöglich wieder zurückgeschickt werden. Kernstück Ihres »Werbeprospekts« in eigener Sache ist also der Lebenslauf (besser: der berufliche Werdegang). Er steht in der Rangliste von Wichtigkeit und Bedeutung an erster Stelle, dann folgen die Empfehlungs- bzw. Dankschreiben zufriedener Kunden (das heißt Ihre Arbeitszeugnisse) und – mit noch größerem Abstand deutlich nachgeordnet in seiner Bedeutung – Ihr Begleitschreiben. Wenn auch alle drei Dokumente in ihrer Gesamtbedeutung nicht zu unterschätzen sind, gibt es in der Einzelgewichtung doch merkliche Unterschiede.

Wer als Bewerber also darauf setzt, die zentralen Informationen allein im Anschreiben zu präsentieren, läuft Gefahr, dass sie nicht ordentlich vermittelt werden. Im Lebenslauf müssen alle wichtigen Botschaften enthalten sein. Daher widmen wir uns auch zuerst den Präsentationsformen des **beruflichen Werdegangs**.

Skizzieren Sie doch zunächst einmal in einer Art Drehbuch, was Sie wie gestalten und auf welchen Seiten präsentieren wollen. Eine erste Übersicht der Möglichkeiten haben wir Ihnen bereits auf S. 21 vorgestellt. Nach dem obligatorischen Anschreiben können ein Deckblatt und eine zusätzliche Einleitungsseite folgen, bevor Sie dann Ihre berufliche Entwicklung dokumentieren und am Ende mit einer Extraseite nochmals besonders auf sich aufmerksam machen. Haben Sie viele Anlagen, dann ist eine Seite als Anlagenverzeichnis zur besseren Orientierung zu empfehlen.

Wir gehen jetzt detailliert auf die vielfältigen Gestaltungsmöglichkeiten ein. Was Sie auswählen, liegt ganz allein in Ihrer Verantwortung. Sie entscheiden, was und wie viel für Ihren »Werbeprospekt« richtig ist.

FALLEN

Die 8 gefährlichsten Fallen beim schriftlichen Bewerben

- Zu glauben, dass der Personaler anhand der Bewerbungsunterlagen schon erkennen würde, was man zu leisten imstande ist
- Sich darauf zu verlassen, dass die beigefügten Arbeitszeugnisse die Entscheider vom eigenen Wissen und Können überzeugen würden
- Zu sehr auf die Verpackung, das Äußere zu setzen
- Dem Leser zu viel oder zu wenig anzubieten
- Sich bei der Auswahl des Fotos keine Gedanken zu machen und dessen Wirkungskraft zu unterschätzen
- Die Bedeutung der Rubrik Hobbys, Interessen, Engagement in Ihrem Lebenslauf zu unterschätzen
- Überhaupt: die Überschrift Lebenslauf viel zu wörtlich zu nehmen
- Zu denken, in jeder Branche herrschten die gleichen Stil- und Sprachregeln

ALLE WICHTIGEN DETAILS IHRER BEWERBUNG

Das Deckblatt

Für welche Präsentationsform (auf Papier oder digital) Sie sich auch immer entscheiden – es macht Sinn, den Leser Ihrer Unterlagen nicht direkt in den Lebenslauf bzw. den beruflichen Werdegang »fallen zu lassen«. Auch ein Buch beginnt nicht sofort mit dem Inhaltsverzeichnis oder gar mit dem Hauptkapitel. Das Deckblatt hat die Funktion eines Titelblatts, wie auch immer Sie es aufbauen und gestalten.

Die Inhaltsübersicht

Eine weitere Variante, um Aufmerksamkeit zu erzielen, ist die Inhaltsübersicht. Auch sie kennen wir aus jedem Buch. Sie hat die Funktion, den Leser zu informieren, was ihn inhaltlich auf den nächsten Seiten erwartet. Die Inhaltsübersicht ermöglicht somit eine schnelle Orientierung, wo was zu finden ist. Sie lohnt sich jedoch kaum für Bewerbungsunterlagen, die nur fünf bis acht Seiten (inklusive Anlagen) umfassen.

Die Einleitungsseite

Statt gleich mit dem beruflichen Werdegang (Lebenslauf) zu beginnen, kann die Einleitungsseite – mit oder ohne Bewerberfoto und den persönlichen Daten – eine Art Vorschau bilden, die den Leser kurz mit den wissenswerten Essentials über den Bewerber, seinen Schwerpunkten und beruflichen Highlights bekannt macht.

Ihre persönlichen Daten mit Ihrem Foto

Diese Seite hat die Funktion, den Bewerber persönlich vorzustellen. Neben der Nennung von Namen, Beruf, Alter, Geburtsort, Familienstand, gegebenenfalls Kindern und der Präsentation des auf dieser Seite platzierten Fotos geht es darum, die Bewerberpersönlichkeit inhaltlich optimal darzustellen und zu visualisieren (vielleicht sogar mit Unterschrift). Häufig werden auch Elemente aus den vorangegangenen Bausteinen hier auf dieser Seite thematisch ausgeführt.

AUF IHRE EINSTELLUNG KOMMT ES AN

Ohne intensive Vorbereitung keine überzeugenden und erfolgreichen Bewerbungsunterlagen.

Was ist jetzt das Wichtigste?

Generell sind zum Thema Bewerbung wohl zahlreiche Empfehlungen und viele konkrete Tipps vorstellbar. Nach unserer Einschätzung ist jedoch Ihre Einstellung am allerwichtigsten – und das im doppelten Wortsinn. Die mentale Auseinandersetzung und Einstimmung auf Ihr Vorhaben, einen Arbeitsplatz zu bekommen, sind zentral.

Dabei spielt die gründliche Vorbereitung die alles entscheidende Hauptrolle, was übrigens regelmäßig unterschätzt wird. Die richtige Vorbereitung aber ist genau der Grundstein für den Erfolg, so wie ein solides Fundament die sicherste Basis für einen stabilen Hausbau ist.

Häufig werden in Bewerbungsverfahren viele Fehler gemacht, weil die Bewerber sich oft nicht intensiv genug vorbereiten, nicht wissen, was auf sie zukommt und worum es wirklich geht.

Das sind die entscheidenden Weichensteller

Kompetenz, Leistungsmotivation und *Persönlichkeit* sind die Essentials jeder Bewerbungssituation – und jetzt die Herausforderung beim Erstellen Ihrer schriftlichen Bewerbungsunterlagen.

Unsere über dreißigjährige Forschungs-, Beratungs- und Publikationstätigkeit zur speziellen Thematik Prüfungssituation Bewerbung hat als Quintessenz diese drei entscheidenden Faktoren ergeben, auf die es aus der Sicht des Arbeitsplatzanbieters bei der Bewerberauswahl ganz besonders ankommt.

Die Personalverantwortlichen wollen vor allem Folgendes in Erfahrung bringen:

1. Verfügt der Bewerber über die erforderlichen generellen und fachlichen Qualifikationen?
2. Was bewegt den Bewerber, was sind seine Motive für Arbeitsplatz- und Aufgabenwahl? Ist er motiviert, Außerordentliches zur Verwirklichung von Unternehmens- bzw. Institutionszielen zu leisten?

Der Lebenslauf
(besser: beruflicher Werdegang)

Der Lebenslauf ist das Kernstück Ihrer Unterlagen. Mit diesen Seiten zeigen Sie Ihre berufliche Entwicklung, die bisher geleisteten Tätigkeiten, den Ausbildungsgang und gegebenenfalls Weiterbildungsmaßnahmen, Interessenschwerpunkte, Hobbys. Ob Sie dabei alles auf eine Seite schreiben oder zwei, drei, sogar vier Seiten verwenden, bleibt Ihnen überlassen. Wie hier die Gestaltung, Abfolge, die Inhalte aussehen können, erläutern wir Ihnen ausführlich auf S. 78 ff.

Die Dritte Seite

Die Dritte Seite kann ein ideales Transportmittel sein, um zusätzlich eine ganz besondere Botschaft zu überbringen. Ausführliche Informationen dazu bekommen Sie auf S. 98 f.

Das Anlagenverzeichnis

Dieses Verzeichnis folgt dem Lebenslauf bzw. der Dritten Seite und stellt eine Auflistung der jetzt beigefügten Unterlagen bzw. Kopien dar. Der eilige Leser sieht auf einen Blick, welche Anlagen mitgeschickt wurden, und findet die ihn interessierende Kopie schneller, da nicht erst der ganze Stapel durchgesehen werden muss.

Die Arbeits- und Ausbildungszeugnisse

Zum Abschluss folgen die wichtigsten Arbeitszeugnisse, Ausbildungsbescheinigungen und andere Erklärungen wie z. B. Referenzadressen, die Sie Ihren Bewerbungsunterlagen beilegen wollen.

Nicht vergessen haben wir Ihr **Anschreiben**, das lose und nicht eingeheftet auf Ihre Bewerbungsmappe gelegt wird, bereits in der E-Mail-Maske auftaucht oder als Datei-Anhang mitgeschickt wird. Aber darüber später mehr auf S. 102.

Ihre Aufgabe ist es also, zunächst zu entscheiden, welche Seiten Sie in welcher Abfolge zusammenstellen. Dabei kann durchaus die Regel »Weniger ist mehr« gelten. Nicht alle vorgestellten Seiten müssen Sie in Ihren Werbeprospekt aufnehmen.

---

3. Mobilisiert der Bewerber Sympathiegefühle, kann man sich mit ihm im Arbeitsalltag »wohlfühlen« und passt er zum Team, zum Unternehmen (bzw. zur Institution)? Neudeutsch formuliert: Stimmt die persönliche Chemie?

Warum neben Kompetenz vor allem Sympathie und Leistungsmotivation so wichtig sind.

Abgesehen vom fachlichen Können sind die absoluten Weichensteller Ihr Sympathie mobilisierender Auftritt und die Leistungsmotivation, die man Ihnen zutraut. Wenn Sie denken, dass das ja frühestens beim Vorstellungsgespräch zum Tragen kommt, irren Sie sich! (Stichwort: Foto!)

Während Sympathie (wie auch Antipathie) bei einer ersten Begegnung sofort spontan affektiv spürbar ist, werden die Schlüsselmerkmale Leistungsmotivation und Kompetenz attribuiert, also kognitiv zugeschrieben. Es sind Merkmale, die sich uns nicht unmittelbar affektiv mitteilen. Und dennoch: Es geht gerade bei Leistung und Können auch um Zutrauen in Ihre Potenziale. Und das bedeutet Vertrauen, also doch wieder auch die Beteiligung von Gefühlen.

Leistungsmotivation und Kompetenz offenbaren sich nicht so schnell wie das zentrale, auf die Persönlichkeit bezogene und auch durch unbewusste Faktoren maßgeblich mitgesteuerte Sympathiegefühl.

Und wie sich das alles schon beim Erstellen Ihrer schriftlichen Bewerbungsunterlagen niederschlägt, erfahren Sie gleich.

Hauptziel Ihres Bewerbungsvorhabens muss es also sein, die drei Essentials in der Bewerbungssituation, die Weichensteller für eine Einladung zum Vorstellungsgespräch – Persönlichkeit, Leistungsmotivation und Kompetenz – als Signale so prägnant auszusenden, dass sie beim potenziellen Arbeitgeber überzeugend ankommen. Das gilt für die Erstellung der schriftlichen Unterlagen ebenso wie für das persönliche Auftreten später im Vorstellungsgespräch.

Machen Sie sich vor der Bewerbung Gedanken, wie Sie sich präsentieren. Sammeln Sie Antworten, Keywords zu den Fragen:

- Was für ein Mensch sind Sie und wie präsentieren Sie sich?
- Wie bringen Sie Ihre Leistungsmotivation deutlich zum Ausdruck?
- Wie vermitteln Sie überzeugend Ihre Kompetenz?

ZUR DRAMATURGIE

Jetzt sind Sie an der Reihe: Sie müssen sich entscheiden, wie Sie Ihren »Werbeprospekt« aufbauen, das Drehbuch Ihres Erfolgsfilmes konzipieren. Wollen Sie mit einem Deckblatt einsteigen – gegebenenfalls mit Ihrem Foto und Ihrer Unterschrift darunter? Wie wollen Sie Ihre erste Seite gestalten? Wie viele Seiten brauchen Sie für die Darstellung Ihres beruflichen Werdeganges, Ihres Lebenslaufs? Entwickeln Sie eine Dritte Seite? Verwenden Sie ein Anlagenverzeichnis?

Am besten, Sie verdeutlichen sich Ihr Vorhaben durch eine kleine Zeichnung. Die Entwicklung der Dramaturgie Ihrer Bewerbung wird Ihnen so leichterfallen. Unsere Beispiele zeigen, worum es geht.

LERNTEST

2. Lerntest: Ihr Wissensstand zum Thema schriftliche Bewerbung

Achtung! Es sind mehrere Antworten richtig.
Was sind die wichtigsten Bausteine Ihrer schriftlichen Bewerbung?

a) das Anschreiben
b) die Arbeitszeugnisse
c) der berufliche Werdegang
d) das Foto
e) extra einzeln beigefügte Arbeitsproben
f) die Ausbildungsurkunden
g) die Dritte Seite
h) alles
i) nichts davon

Die richtige Lösung finden Sie auf S. 104.

Lösung 1. Lerntest: Nicht ganz einfach, wir sagen: d, c, b, a, e, aber darüber lässt sich streiten!

AUF IHRE EINSTELLUNG KOMMT ES AN

Entwickeln Sie eine Leitidee oder einen roten Faden.
Diese berühmten vier Fragen sind dabei hilfreich:

- Was für ein Mensch bin ich?
- Was kann ich?
- Was will ich?
- Was ist für mich möglich?

Zu Ihrer Standortbestimmung eignen sich auch die folgenden Fragen:

- Was liegt hinter Ihnen?
- Wie schätzen Sie sich und Ihre Fähigkeiten ein?
- Wie sieht Ihre aktuelle Situation aus, mit der Sie sich auseinandersetzen müssen? Geht es bei Ihnen um einen Neueinstieg, Wechsel oder Wiedereinstieg (s. S. 17 ff.)?

Und das ist die konzeptionelle Basis Ihrer schriftlichen Bewerbung – egal ob auf Papier oder digital:
Sie wollen Ihre Botschaft einer Person näherbringen. Sie möchten eine Entscheidung beeinflussen. Sie soll so fallen, wie Sie es sich wünschen.

Wie gehen Sie vor? Aus der Welt der Werbung kennen wir eine besondere Vorgehensweise, die Ihr Bewerbungsvorhaben positiv unterstützen kann.

Drei aufeinander abgestimmte Schritte sind zu beachten:

1. Was wollen Sie Ihrem Gegenüber, z. B. dem Arbeitsplatzanbieter oder Personalauswähler, mitteilen? Was ist Ihr Anliegen, Ihr Ziel? Dies ist der fast wichtigste und leider auch schwierigste Baustein, der wohl auch die längste Bearbeitungszeit in Anspruch nehmen wird.

2. Wie formulieren Sie aus den sorgfältigen Überlegungen zu Ihrem Kommunikationsziel verständliche, schnell begreifbare, überzeugende Botschaften? Hier kommt es besonders auf Ihre Fähigkeit an, etwas auf den Punkt zu bringen.

3. Wie untermauern Sie diese sorgfältig ausgewählten und präzise formulierten Botschaften, um deren Glaubwürdigkeit und Überzeugungskraft ebenso zu stärken wie deren Erinnerungsgehalt?

Wir stehen aber immer noch am Anfang der Trias *Kommunikationsziel definieren – Botschaften formulieren – Argumente zusammenstellen*, und das bedeutet, Sie sollten sich zunächst einmal mit der Frage auseinandersetzen, was Sie Ihrem Gesprächspartner von sich vermitteln wollen.

Version 1 (3 Dokumente/Abschnitte)

```
┌──────────┐  ┌──────────┐  ┌──────────┐
│          │  │          │  │          │
│Anschreiben│  │Lebenslauf│  │ Anlagen  │
│          │  │(eine oder│  │          │
│          │  │ mehrere  │  │          │
│          │  │ Seiten)  │  │          │
│          │  │          │  │          │
│          │  │          │  │          │
└──────────┘  └──────────┘  └──────────┘
```

Diese Variante kennen Sie. Das Anschreiben auf einer Seite, auf ein oder zwei Seiten folgt der Lebenslauf. Danach kommen die Anlagen wie Arbeits- und/oder Ausbildungszeugnisse. Wir sprechen hier von drei elementaren Dokumenten/Abschnitten. Im Verlauf zeigen wir Ihnen weitere Optionen.

Auch eine andere Abfolge ist gut vorstellbar und Erfolg versprechend. Schauen Sie sich die folgenden Varianten an. Wenn Sie die verschiedenen Möglichkeiten vor Augen haben, werden Sie sich leichter darüber klar, was besser für Ihre Selbstdarstellung geeignet sein könnte.

Den meisten Bewerbern fällt jetzt spontan ein: »Ich will diesen oder jenen Job! Ich bin der Größte, Erfahrenste ...«

Dieses Kommunikationsziel haben aber auch alle anderen Mitbewerber. Allein die Tatsache, dass Sie einen neuen Job haben wollen, ist für die am Auswahlprozess Beteiligten kein zwingender Grund, sich für Ihre Person zu entscheiden. Leider!

Wenn sie sich mit dieser Frage weiter beschäftigen, neigen viele Bewerber dazu, mehr oder weniger stark zu argumentieren, Sie seien nun mal der/die Beste für bestimmte Aufgaben. Schön und gut, aber was glauben Sie, wie argumentieren Ihre Mitbewerber? Man wird schnell erkennen, dass das Kommunikationsziel »Ich bin der/die Beste, ich will, geben Sie mir die Chance!« für sich allein noch ziemlich schwach ist.

Fazit und Frage:
Wie kann man es besser machen?
Zunächst geht es darum, ein besonderes Kommunikationsziel zu entwickeln.

Leichter gesagt als getan. Sie haben die schwierige Aufgabe, sich genau zu überlegen, ...

- was für ein Mensch Sie sind,
- was für besondere Fähigkeiten Sie haben und
- was Sie damit eigentlich anfangen wollen.

Oder, in der Abfolge variiert und auf die drei Essentials reduziert, Sie ahnen es: *Kompetenz, Leistungsmotivation, Persönlichkeit.*

Wenn Sie sich lange genug mit diesen Fragen und diesen Themen, kurz mit Ihrem individuellen Angebot auseinandergesetzt haben und zu wichtigen, substanziellen Ergebnis-

sen gekommen sind, wird es Ihnen leichterfallen, ein Kommunikationsziel zu entwickeln. Salopp formuliert: Wie sage ich es meinem Kunden, dem potenziellen Arbeitsplatzanbieter?

Ein weiteres, nicht geringes Problem: Wird das, was ich vermitteln will, wirklich für eine positive Entscheidung im Rahmen des Prüfungs- und Auswahlprozesses ausschlaggebend sein?

Beginnen Sie zunächst mit der Definition Ihres Kommunikationsziels.
Ein Beispiel: Mein Kommunikationsziel ist es, ...
... den Lesern und Personalentscheidern zu vermitteln, dass ich ein Mensch bin, der über außergewöhnliche kommunikative Begabungen verfügt. Darunter ist zu verstehen: Ich bin sehr gut in der Kontaktaufnahme zu anderen, kann mich schnell und gewandt ausdrücken und ohne große

Version 2 (4 Dokumente / Abschnitte)

Anschreiben	Deckblatt Foto	Lebenslauf (eine oder mehrere Seiten)	Anlagen

Wie sollen die wichtigen Bestandteile der Bewerbung (egal ob auf Papier oder digital), die einzelnen Seiten Ihres Werbeprospektes gefüllt sein? Es geht um die Grobplanung, und hier stellen wir Ihnen eine neue, erweiterte Variante vor. Zwischen Anschreiben und Lebenslauf kommt ein Deckblatt mit Ihrem Foto.

Wahrscheinlich fällt es Ihnen leichter, sich für oder gegen die eine oder andere Seitenvariante zu entscheiden, wenn Sie konkrete Gestaltungsmöglichkeiten sehen und vergleichen können. Betrachten Sie diese Vorschläge als Anregung. Sie müssen entscheiden, was Sie für sich in Anspruch nehmen wollen und was nicht.

Hemmungen eigentlich mit jedem Menschen leicht ins Gespräch kommen. Andere vertrauen mir auffällig schnell. Ich wirke auf viele Personen ermutigend und bin bestimmt ein sehr guter und aufmerksamer Zuhörer. Trotz meiner Freude an Unterhaltungen und auch an gezielten Gesprächen bin ich jemand, der sehr diskret sein kann und bei dem ein Geheimnis absolut sicher aufgehoben ist.

Formulieren Sie daraus leicht verständliche, klare Botschaften.

Jetzt zu Ihrer zweiten Aufgabe. Sie entwickeln aus Ihren Zielvorstellungen klare und schnell zu verstehende Botschaften. In unserem Beispiel wären das folgende:

Meine drei wichtigsten Botschaften lauten:

1. Ich bin ein kommunikativ begabter Mensch, der mit anderen mühelos

jederzeit ins Gespräch kommen kann.
2. Ich gewinne schnell das Vertrauen anderer Menschen.
3. Ich bin ein guter und aufmerksamer Zuhörer.

Suchen Sie sich die besten, überzeugendsten Argumente aus.

Jetzt fehlt nur noch der dritte Schritt in dieser Vorbereitung. Entwickeln Sie wohlüberlegte Argumente. Wieso? Nun, von sich zu behaupten, dass man so und so sei, ist schon nicht jedermanns Sache. Aber das allein reicht nicht aus, denn nur Behauptungen aufzustellen ist zu wenig.

»Die Botschaft hör ich wohl, allein mir fehlt der Glaube«, sagte schon Goethes Faust. Nicht nur deshalb ist es jetzt beim dritten Schritt besonders wichtig, die Argumente zu finden, die Ihre Botschaften

glaubwürdig untermauern helfen, gleichsam in der Lage sind, »Fleisch an den Knochen« zu bringen.

Mit welcher Anekdote, durch welche Detailbeschreibungen kann ich meinem lesenden Gegenüber verdeutlichen, dass meine in den Botschaften enthaltenen Aussagen wirklich glaubwürdig sind?

Welche Situationen, Begebenheiten in Ihrem (Berufs-)Leben verdeutlichen, was Ihre Botschaften als Kurzformeln transportieren sollen? Wenn Sie hier den richtigen Erzählstoff beisammenhaben, stehen Ihre Argumente und unterstreichen so die Glaubwürdigkeit Ihrer überlegt ausgewählten Botschaften.

Kommunikationsziel, Botschaften und Argumentation ergeben in einem idealen Dreiklang die Entscheidungsgrundlage, auf der sich ein Arbeitsplatzanbieter für Sie als den

Version 3 (6 Dokumente / Abschnitte)

Anschreiben	Deckblatt persönliche Daten Foto	Lebenslauf	Weiter-bildung Studium Schule	Anlagen-übersicht	Anlagen

Besonders die Auftaktseiten (Deckblatt, Inhaltsübersicht, Einleitungsseite, erste Botschaften), aber auch der Lebenslauf sind – je nach persönlichem Geschmack – ausführlich oder eher knapp zu gestalten. Einige Seiten können auch ganz eingespart werden. In diesem Beispiel wird der Lebenslauf sinnvoll gesplittet: der berufliche Werdegang und schließlich Weiterbildung, Studium und Schule. Das für den neuen Arbeitgeber Wichtigste kommt zuerst.

Hier haben wir auch eine Anlagenübersicht, die gefolgt wird von den typischen Anlagen, aber das Blättern gezielter ermöglicht.

Je differenzierter Sie in die Planung auch des Inhaltes jeder einzelnen Seite gehen, desto leichter fällt Ihnen die Umsetzung. Ein vorher entwickeltes Konzept hilft letztlich, Zeit zu sparen. Und selbst wenn Sie bei Ihrer Umsetzung dann von Ihrem Plan abweichen: Planung macht Sinn, denn sie schafft Bewusstsein, unabhängig für welche Versandform (per Post/digital) Sie sich entscheiden.

richtigen Kandidaten entscheiden kann. Machen Sie es ihm nicht schwer. Entscheidungen sind schließlich das Schwierigste, was es in unserem Leben zu treffen gilt. Sie selbst müssen in Ihrem eigenen Interesse Ihr berufliches Vorhaben positiv befördern.

Darum geht es jetzt: biografische Anpassungsleistungen.

Ihr sogenannter Lebenslauf, besser: Ihr beruflicher Werdegang, ist zusammen mit dem Arbeitszeugnis das wichtigste Dokument, das für oder gegen Sie als Kandidaten spricht.
Sie haben es selbst in der Hand, ob Ihre Unterlagen mit Interesse gelesen werden oder auf dem Stapel »Kommt nicht infrage« landen.

Also gilt: Die Präsentation Ihrer Unterlagen muss perfekt sein, die Formulierung sehr sorgfältig. Und das bedeutet: Rechnen Sie mit einem deutlichen Zeitaufwand.

Ihre Unterlagen haben vielleicht nur eine Minute Zeit, um zu wirken! Das müssen Sie unbedingt wissen: Der Personalentscheider nimmt sich bei der ersten Durchsicht nur sehr, sehr wenig Zeit für Ihre schriftlichen Unterlagen.

Manche Personalchefs behaupten, in weniger als einer Minute herausfinden zu können, ob der Kandidat oder die Kandidatin sie interessiert. Andere investieren zwei, drei, selten fünf Minuten. Ihre Unterlagen haben wirklich sehr wenig Zeit, um zu überzeugen. Vor allem, wenn man berücksichtigt, dass heutzutage auf eine Stellenanzeige (z. B. in Berlin, im Bereich Sekretariat) zwischen 250 und 800 Bewerbungen kommen. Diese Zahl sieht für Juristen, Architekten oder Chemiker nicht sehr viel anders aus.

Ihr wichtigstes Ziel: die Einladung zum Vorstellungsgespräch, weil man durch Ihre Unterlagen neugierig auf Sie geworden ist und sich viel von Ihnen verspricht. Damit dieses Interesse auf der Leser- und Auswählerseite entsteht, sollten Sie gewisse Spielregeln beachten und einige dramaturgische Tricks einsetzen.

Aber noch etwas ist wichtig: Ihre Unterlagen sollten ein interessantes Angebot enthalten. Diesem muss leicht und glaubwürdig zu entnehmen sein, dass Sie etwas Besonderes für das Unternehmen, Ihren Kunden, den Arbeitsplatzanbieter machen können. Etwas, was dieser gerade dringend benötigt und bestens gebrauchen kann. Eigentlich logisch.

Die Verdeutlichung dieser elementaren Aspekte hilft Ihnen bei der Erstellung Ihres persönlichen Werbe- und Verkaufsprospektes.

Version 4 (7 Dokumente / Abschnitte)

| Deckblatt persönliche Daten Foto | Resümee Fähigkeiten Ausgangs-situation Ziel | beruflicher Werdegang (1–2 Seiten) | Ausbildung Hobbys Interessen | Anlagen-verzeichnis |

Anschreiben und Anlagen lassen wir hier in der Darstellung aus Platzgründen weg.

Bereits auf dem Deckblatt wirbt der Kandidat mit seinem Foto und den Sozialdaten. Dann führt er zuerst einen Überblick über die Fähigkeiten und die Ausgangssituation sowie die beruflichen Ziele an, um auf den folgenden Seiten den beruflichen Werdegang zu präsentieren. Die Ausbildungsdaten sowie Interessen/Hobbys kommen zum Schluss.

Wie umfangreich Ihr Werbeprospekt in eigener Sache wird, bestimmen Sie selbst. Ob relativ dünn mit nur zwei, drei Seiten plus Anlageseiten oder stattlich mit sechs bis sieben Seiten, vom Deckblatt über die ausführliche Selbstdarstellung bis hin zum Anlagenverzeichnis mit weiteren zehn Dokumenten. So ziemlich alles ist erlaubt, wenn es Sinn macht. Das zu entscheiden, ist zunächst Ihre Aufgabe.

An dieser Stelle einige spezielle Bewerbungstipps.

Spezialhinweise für Arbeitslose:
Bei der Formulierung Ihrer aktuellen beruflichen Situation gilt es, geschickt vorzugehen. Das bedeutet für Sie ein Spektrum an Möglichkeiten. Die Bandbreite reicht von »nicht klar sagen, dass Sie arbeitslos sind« bis hin zu der nicht schönen Formulierung »Arbeit suchend« (noch schlechter, weil sehr unglücklich formuliert: »seit dem xx.xx.xxxx arbeitslos«). Solange Sie noch keine zwei Monate ohne Job sind, ist der unterlassene Hinweis auf Ihre (frische) Arbeitslosigkeit vertretbar. Danach wird es zunehmend schwieriger, diesen Umstand einfach unter den Tisch fallen zu lassen.

Es ergibt sich die Frage: Was machen Sie gerade, was haben Sie bis vor Kurzem (aber schon nach dem Ausscheiden aus dem Unternehmen) konkret gemacht? Wer hier Fortbildungsmaßnahmen angeben kann, steht schon mal besser da. Auch die intensive Pflege eines Angehörigen (Kind, Eltern etc.) o. Ä. sind relativ plausible Erklärungen für einen gewissen Zeitabschnitt (bis etwa zu einem Jahr). Sehr ungünstig klingt es, wenn Sie in Ihren Unterlagen angeben, schon seit zwölf Monaten leider ohne Erfolg einen Arbeitsplatz zu suchen.

Spezialhinweise für ältere Bewerber:
Sehr vieles von dem eben Gesagten kann auch auf Sie zutreffen. Eine wichtige Parallele ist dabei der Umgang mit Ihrer Altersangabe. Ganz verzweifelte Kandidaten schreiben im ersten, spätestens zweiten Satz des Anschreibens: »Falls mein Alter von 50 Jahren Sie abschrecken sollte, brauchen Sie gar nicht weiterzulesen …« (so oder ähnlich wird leider nicht selten formuliert). Logisch, dass das keine glückliche Empfehlung ist und genau zu der befürchteten Reaktion führt.

Spezialhinweise für Azubis:
Sie müssen nur versuchen, sich von der Schlichtheit der vielen Hundert Bewerbungsanschreiben und Lebensläufe für einen Ausbildungsplatz etwas positiv abzuheben. Das ist so schwer nicht, denn 95 Prozent Ihrer Mitbewerber halten sich einfach an die vorgegebenen Formulierungen der Arbeitsagentur und ihrer Broschüren.

Spezialhinweise für Hochschulabsolventen:
Auch Sie finden in den vorherigen Empfehlungen viele brauchbare Anregungen. Wenn Sie deutlich mehr Semester als die Regelstudienzeit auf dem Konto haben, gibt es auch dafür vielleicht Gründe (z. B. regelmäßige Arbeitspraxis …).

Version 5 (8 Dokumente / Abschnitte)

Inhalt Übersicht	persönliche Daten FotO Profil/ USP	Ausgangs-lage Ergebnisse	Werdegang	Ausbildung Sonstiges Hobbys	Anlagen-verzeichnis

Auch hier lassen wir aus Platzgründen Anschreiben und Anlagen in der Darstellung weg.

Das Inhaltsverzeichnis hat bei diesem Beispiel eine Art Deckblattfunktion, die folgende Seite trägt Foto und Sozialdaten sowie eine Auflistung beruflicher Spezialaufgaben bzw. Qualifikationen (USP/ Alleinstellungsmerkmal). Dann folgen zuerst Informationen zur Ausgangslage und den Erfolgen des Kandidaten und darauf der berufliche Werdegang. Die Ausbildungsdaten, Interessen und Hobbys kommen wieder zum Schluss. Nicht zu vergessen: eine Extraseite mit dem Anlagenverzeichnis.

Die Herausforderung besteht in der Entscheidung: Was biete ich an und worauf kann ich verzichten? Auf dem schmalen Grat zwischen »nicht zu viel« und »keinesfalls zu wenig« müssen Sie sich bewegen, ohne abzustürzen. Zugegeben: Das ist leichter gesagt als getan – und braucht etwas Zeit, die Sie sich unbedingt nehmen sollten.

Spezialhinweis für Führungskräfte:
Man sollte es Ihren schriftlichen Bewerbungsunterlagen anmerken, mit wem man es zu tun hat.

Weitere Spezialtipps finden Sie auf der CD-ROM.

Wie Sie sich von der Masse der Bewerber positiv abheben:
Das können Sie auf unterschiedliche, vielfältige Weise. Vor allem: indem Sie sich besonders gut vorbereiten. Ein Patentrezept gibt es freilich nicht. Das würde die Sache ja wohl gleich ad absurdum führen. Entscheidend jedenfalls ist, dass Sie sich gerade mit dieser wichtigen Frage intensiv auseinandersetzen und dazu z. B. Ihre schriftlichen Bewerbungsunterlagen kreativ und innovativ gestalten.

Übrigens: Auch die telefonische Kontaktaufnahme kann Ihnen bereits Vorteile bringen.

Entscheidend bleibt, dass eben genau das eine ganz wichtige Aufgabe ist: Ihr Bewusstsein, sich positiv von der Menge der Bewerber zu unterscheiden. Wenn Sie beispielsweise selbst die Initiative ergreifen, heben Sie sich auch schon deutlich von anderen ab.

Eine Initiativbewerbung kann Ihnen, wenn sie gut, das heißt wirklich überzeugend formuliert und gestaltet ist, den gewünschten Erfolg, also mindestens eine Einladung zum Vorstellungsgespräch bringen. Und darauf kommt es zunächst einmal an. Nach der intensiven Vorbereitung wissen Sie besser, wovon Sie sprechen (evtl. telefonieren) und schreiben. So können Sie das Ziel einer persönlichen Begegnung mit dem potenziellen Arbeitgeber viel überzeugender verfolgen.

Genereller Leitfaden für die Erstellung Ihrer Bewerbungsunterlagen:
Denken Sie daran: Es geht um den guten ersten Eindruck, den Sie hinterlassen wollen. In der Werbepsychologie gibt es eine Grundformel, die beschreibt, wie Wirkung erzielt werden kann, und die Sie sich für alle Ihre Bewerbungsschritte zu eigen machen sollten: **die AIDA-Formel.**

Bei AIDA steht
A für *attention* (Aufmerksamkeit erzeugen)
I für *interest* (Interesse wecken)
D für *desire* (Wunsch auslösen, zum Vorstellungsgespräch einzuladen)
A für *action* (die Aktivität Einladung auslösen)

Es kommt darauf an, dass Sie Aufmerksamkeit und Interesse wecken, um den Schritt »Einladung zu einem Vorstellungsgespräch« auszulösen. Stellen Sie alle wichtigen Argumente,

Version 6 (8 Dokumente/Abschnitte)

Deckblatt persönliche Daten Ausgangssituation	Foto Resümee Botschaften	beruflicher Werdegang Ausbildung	Sonstiges Interessen Hobbys	Dritte Seite	Anlagenverzeichnis

Beachten Sie auch hier: Auf Anschreiben und Anlagen verzichten wir in der Darstellung nur aus Platzgründen.

Hier trägt das Deckblatt schon relevante Sozialdaten des Bewerbers. Auf der nächsten Seite sieht man zuerst das Foto mit einem Resümee und wichtigen ersten Botschaften, dann folgen Lebenslaufdaten über zwei Seiten, inklusive der Ausbildung am Ende der dritten Seite. Auf der vierten Seite, eventuell luftig gesetzt, kommen sonstige Kenntnisse und Hobbys, gegebenenfalls erfolgt bereits hier die Unterschrift des Bewerbers.

Die Dritte Seite – hier eigentlich die fünfte – enthält eine spezielle Botschaft für den Leser. Das Anlagenverzeichnis rundet die ganze Sache gut ab.

Sie haben viele Möglichkeiten, Ihren Prospekt selbst zu konzipieren. Überlegen Sie und nutzen Sie Ihre Chancen.

Anschließend geht es ins Detail. Wir zeigen Beispiele und stellen Vergleiche an.

die Sie vorzubringen haben, in kurzer, komprimierter Form dar. Der Leser, Ihr zukünftiger Arbeitgeber, soll neugierig werden auf Ihre weiteren Unterlagen und natürlich auf ein persönliches Kennenlernen.

Das Schlagwort »time is money«
bedeutet in diesem Zusammenhang, dass Arbeitgeber Ihnen nicht viel Zeit lassen, sich zu bewähren. Häufig treffen sie schon beim Lesen der ersten Lebenslaufseiten oder auch nur des Anschreibens die Entscheidung, ob Sie für den weiteren Auswahlprozess infrage kommen oder ob gleich die nächste Bewerbung zur Hand genommen und Ihnen eine Absage erteilt wird. Ein US-Psychologe machte bloße zehn Sekunden als durchschnittliche Zeit aus, die über ein Ja oder Nein entscheidet.

Sie sollten sich in der Gestaltung der schriftlichen Unterlagen deutlich positiv von anderen Bewerbern unterscheiden.
Besonders wichtig ist neben den inhaltlichen Aspekten auch die formalästhetische Gestaltung Ihres »Verkaufsprospekts«, genannt Bewerbungsmappe. Der Lebenslauf ist das wichtigste Element.

Ganz entscheidend ist Ihr Foto,
aber dazu mehr an anderer Stelle. Leider legen immer noch viele Bewerber zu wenig Wert auf die Form (papieren oder auch digital). Mit einem Minimum an Aufwand kann man sich hier von anderen Bewerbern wohltuend abheben.

Unabhängig von der Versandart,
egal ob klassisch auf Papier oder per E-Mail mit Anhangsdatei, Sie brauchen immer eine beeindruckende auf Papier ausdruckbare Version Ihres Werdegan-

ges, eine Art Vorstellungs- und Werbeprospekt.

Nach diesen Auswahlkriterien
werden die zahlreich eingehenden Bewerbungsunterlagen aussortiert: Wo ist die Eier legende Wollmilchsau, der Erlöser, der Heilsbringer, das Genie? Im Ernst: Wer gibt berechtigte Hoffnung, die Anforderungskriterien einigermaßen zu erfüllen? Dabei geht es auch um den »Kick«: Wer schafft es, sich positiv von der Masse abzuheben und beim Auswähler Interesse und Neugier zu wecken? Sicherlich: immer eine stark durch Gefühle beeinflusste Entscheidung und keinesfalls lediglich rational begründet.

Dass dabei Ihr Foto eine wichtige Rolle spielt, dürfte jetzt wohl klar sein. Mit Ihrer gut gestalteten »Dritten Seite« können Sie weitere Pluspunkte für sich sammeln.

DECKBLATT

Das Deckblatt schaut den Betrachter, den Leser Ihres »Werbeprospektes« an und lädt ein, umzublättern und sich einzulesen. Ob mit oder ohne Foto, minimalistisch oder schon sehr informativ, Sie entscheiden, womit Sie starten und wie das Cover aussehen soll. Und dieses sollte ja – ähnlich wie bei Zeitschriften, Büchern oder CD-Covern – neugierig auf den Inhalt machen. Vielleicht schimmert ein Foto durch und macht sofort Lust aufs Umblättern. Die denkbaren Varianten sind zahlreich, Ihr individueller Geschmack entscheidet.

Am häufigsten ist folgende Variante anzutreffen:

Bewerbungsunterlagen für die Firma XY von XYZ, Diplom-Ingenieur

Hinzu kommt die Adresse inklusive Telefonnummer und E-Mail-Adresse. Nicht selten erscheint auf dem Titelblatt auch lediglich der Name des Bewerbers ohne weitere Angaben (oder alternativ der Adressat). Häufig wird dieser Platz auch für die Bewerberfotopräsentation ausgewählt. Selbst ein literarisches Zitat in Form eines Mottos, das Ihre Arbeitsweise, Ihre Lebensauffassung gut wiedergibt, ist denkbar. Hier einige Beispiele:

1. Beispiel

Eine schlichte, saubere Gestaltung ohne grafische Raffinesse. Der Empfänger fühlt sich angesprochen, die Absenderin gibt neben ihrer Adresse, Telefonnummer und E-Mail-Adresse gleich ihre Berufsbezeichnung an.

2. Beispiel

Diese Variante ist schon etwas verspielter und aufwendiger, aber immer noch mit dem gleichen Informationswert wie beim ersten Beispiel.

Bewerbungsunterlagen

für die Mayer AG, Potsdam

Schoschana Schoenenberg
Diplom-Ingenieurin Elektrotechnik
Düsseldorfer Str. 11
10719 Berlin
Tel.: 030 8812940
schoschana.schoenenberg@web.de

Deckblatt, 1. Beispiel

ANDREAS DAUERWALD DIPLOM-INGENIEUR FÜR UMWELTTECHNIK
STILLERZEILE 55   12587 BERLIN (KÖPENICK)   TELEFON: 030 1117989 / 0163 45211   E-MAIL: A.DAUERWALD@YAHOO.DE

BEWERBUNGSUNTERLAGEN

für die

ASIAN TECHNIK GMBH

von

ANDREAS DAUERWALD

Diplom-Ingenieur für Umwelttechnik (TU)

Deckblatt, 2. Beispiel

Vertrauen ist für alle Unternehmungen
das größte Betriebskapital, ohne welches
kein nützliches Werk auskommen kann.
Es schafft auf allen Gebieten die Bedingungen
gedeihlichen Geschehens.
(Albert Schweitzer)

MICHAEL ROTHE
Hahnenweg 2
14465 Potsdam
Telefon 0331 54321
E-Mail: M.Rothe@t-online.de

BEWERBUNG

im Bereich
interne Unternehmenskommunikation
der
Süddeutschen Beton Werke AG
Stuttgart

Deckblatt, 3. Beispiel

Maria Mayer, Dipl.-Ing. (FH)
(Förder- u. Lagertechnik)
Calvinstr. 20
28101 Bremen
Tel. 0412 122112
E-Mail: maria.mayer@gmail.com

Bremen, 20.04.2015

1 von 4

Deckblatt, 4. Beispiel

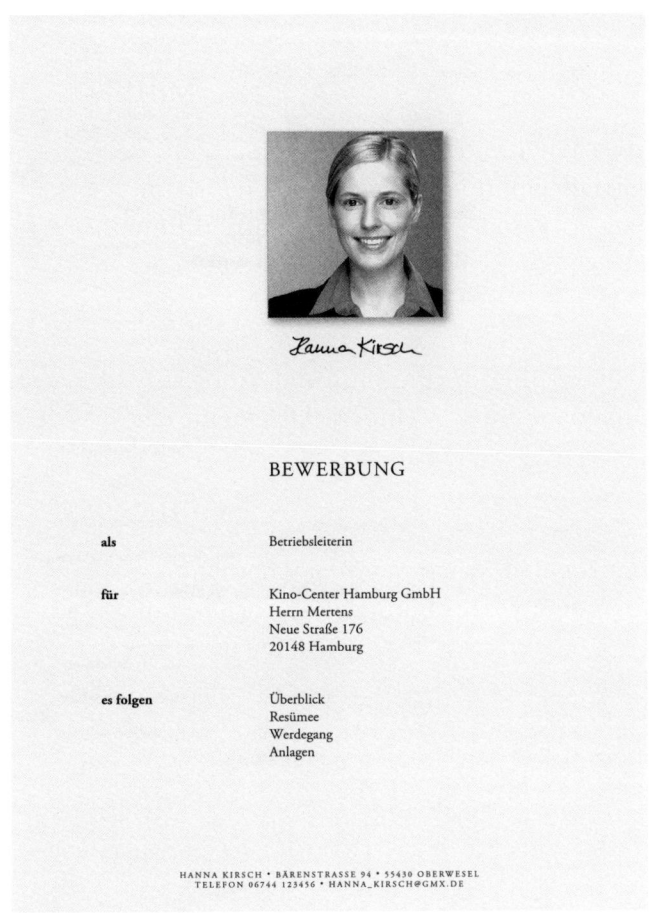

BEWERBUNG

als   Betriebsleiterin

für   Kino-Center Hamburg GmbH
                  Herrn Mertens
                  Neue Straße 176
                  20148 Hamburg

es folgen   Überblick
                  Resümee
                  Werdegang
                  Anlagen

HANNA KIRSCH • BÄRENSTRASSE 94 • 55430 OBERWESEL
TELEFON 06744 123456 • HANNA_KIRSCH@GMX.DE

Deckblatt, 5. Beispiel

3. Beispiel

Das Deckblatt hat immer noch kein Foto, aber viel mehr Text und Aussagekraft – bedingt durch das ausgewählte Zitat, das aber keinesfalls zu allen Bewerbungen bzw. Kandidaten passt. Sie sollten also gut überlegen, ob und wenn ja, mit welchem Zitat Sie was vermitteln wollen.

4. Beispiel

Hier zeigt das Deckblatt schon das Foto, sogar mit Datum.

5. Beispiel

Zusätzlich ist hier noch eine Art Inhaltsübersicht aufgenommen. Das Foto wird zusätzlich von der Unterschrift begleitet – ein sehr starkes Persönlichkeitsmerkmal.

INHALTSÜBERSICHT

Ob Sie damit anfangen oder diese Infos zusätzlich auf Ihrem Deckblatt integrieren: Es geht nur darum, kurz einen Überblick zu geben, was auf den Leser zukommt. Intention: wie auch beim Deckblatt neugierig machen. Bedenken Sie jedoch auch, dass es prima ohne eine Inhaltsübersicht gehen kann, insbesondere wenn Sie nicht so viele verschiedene »Kapitel« (Informationsabschnitte über Ihren beruflichen Werdegang und zu Ihrer Person) anzubieten haben.

Kommentar zum 1., 2., und 3. Beispiel

Ob mit oder ohne Foto, unterschrieben oder nicht, sehr differenziert oder weniger ausführlich: Es bleibt eine Frage und damit Entscheidung Ihres Geschmacks, ob Sie sich für oder gegen diese Seite bei Ihrem Werbeprospekt entscheiden. Wichtigstes Kriterium dabei: Was wollen Sie für einen Eindruck erzeugen und wird Ihnen das damit auch gelingen?

Thorsten Mayer · Diplom-Hotelkaufmann · Franzstr. 104 · 12345 Berlin · 030 4356523 / 0175 234565

Inhaltsverzeichnis

Überblick
Resümee
Werdegang
Anlagen

zum Werdegang
Arbeitszwischenzeugnis Kurdirektor Bad Wesel
Weiter-Reisen GmbH, Hamburg
Meyer Hotel, Augsburg
Meyer Hotel, Frankfurt am Main
Meyer Hotel, Davos
Meyer Hotel, Berlin

zu Auslandsaufenthalten
Hotel Lancaster, Paris
Diplom High School, USA

zur Qualifizierung
IHK Bremen, Ausbilderprüfung

zur Schulbildung
Zeugnis Allgemeine Hochschulreife

Referenzadressen
Dr. Horst Müller, Bremen
Martin Schütt, Berlin

Inhaltsübersicht, 1. Beispiel

DR. BRITTA MARON

Geboren am 21. Januar 1966 in Frankfurt am Main
Deutsche und spanische Staatsangehörigkeit
Ledig und kinderlos
Ortsunabhängig

Lebenslauf / beruflicher Werdegang

Berufserfahrungen

Arbeitsweise

Verzeichnis der Zeugnisse

Deutsche Bundespost, Geschäftsstelle Berlin
Deutsche Bundespost, Geschäftsstelle Frankfurt am Main
Stadtwerke Bremen

Promotion

Zweite Juristische Staatsprüfung
    Handwerkskammer Berlin
    Jacques & Lewis, Lawyers, London
    Rechtsanwalt Ulf Liedtke, Hamburg
    Verwaltungsgericht Hamburg
    Landesarbeitsagentur Hamburg
    Landgericht Hamburg
    Staatsanwaltschaft Hamburg
    Amtsgericht Altona

Erste Juristische Staatsprüung

Allgemeine Hochschulreife

Inhaltsübersicht, 2. Beispiel

Sarah Hansen   Hallerstr. 23   14567 Berlin   T: 030 423476   E-Mail: hansen@gmx.de

**Bewerbungsunterlagen für die
Relocation AG Berlin
Herrn Hans Christian Anders**

Inhaltsübersicht

Persönliche Daten

Berufliche Schwerpunkte

Beruflicher Werdegang

Ausbildung

Sonstiges

Zu meiner Motivation

Anlagenverzeichnis

Anlagen

Inhaltsübersicht, 3. Beispiel

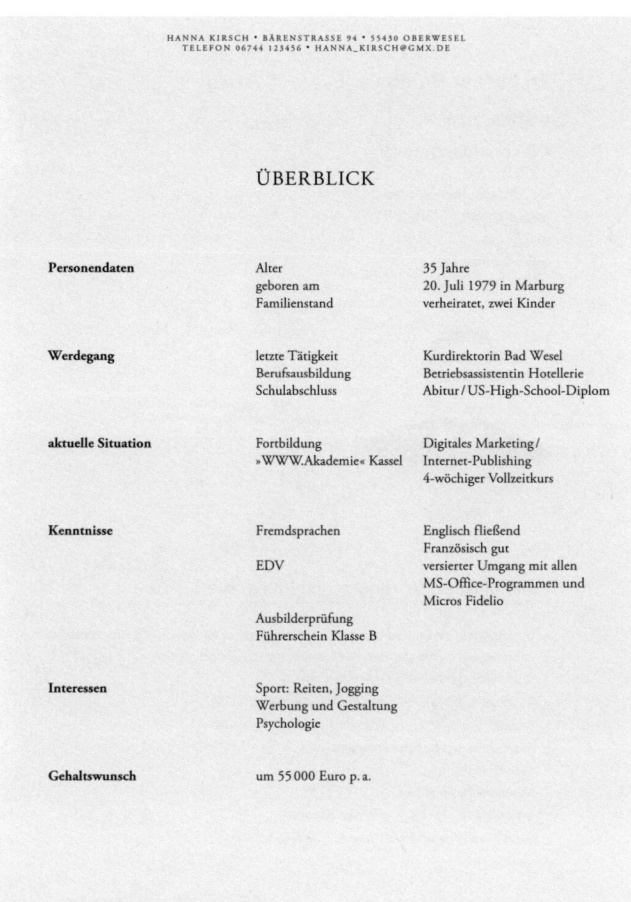

Einleitungsseite, 1. Beispiel

Einleitungsseite, 2. Beispiel

EINLEITUNGSSEITE

Mit dieser Seite können Sie Deckblatt und Inhaltsverzeichnis zusammenfassen, bereits ein Foto zeigen oder nicht, Ihre persönlichen Daten, besondere Arbeitsschwerpunkte oder sonstige Botschaften und Werbung in eigener Sache vermitteln. Unsere Beispiele zeigen, was alles möglich ist, was aber nicht bedeutet, dass Sie sich für dieses Vorgehen entscheiden müssen.

1. Beispiel

Ein außergewöhnlicher, sehr informativer Einstieg mit einer klaren Aussage als Überschrift. Wenn hier ein Gehaltswunsch angegeben wird, so kann das eine Forderung in der Anzeige gewesen sein. Sie sollten mit diesen Angaben sehr vorsichtig und zurückhaltend umgehen (besser ist es, eine Spanne anzugeben).

2. Beispiel

Kurze, prägnante berufliche Information in Kombination mit Bewerberfoto. Auch vorstellbar: Der Bewerber unterschreibt an dieser Stelle und wirbt mit der Persönlichkeitsnote seiner Handschrift.

3. Beispiel (s. S. 54)

Neben den persönlichen Daten ist ein berufliches Resümee als eine geschickte Werbebotschaft verpackt. Das macht Lust auf mehr und kreiert ein ganz besonderes Bild vom Kandidaten.

4. Beispiel (s. S. 54)

Hier ist eine Mischung aus persönlichen Daten und Verkaufsargumenten kurz und knapp in Szene gesetzt.

Auch vorstellbar: Sie sind mit einer Art Auftaktseite gestartet und als Nächstes stößt der Leser auf Ihr Anschreiben. Früher unmöglich, ist es heutzutage durchaus akzeptabel, wenngleich immer noch ein wenig außergewöhnlich.

SVEN OLSEN DIPLOM-BETRIEBSWIRT

MOMMSENSTRASSE 73 • 10629 BERLIN • TELEFON: 030 8814903 • E-MAIL: OLSEN@AOL.DE

SVEN OLSEN

Mommsenstraße 73
10629 Berlin

Telefon: 030 8814903
E-Mail: olsen@aol.de
geboren am 13. August 1976 in Berlin
ledig, keine Kinder

RESÜMEE
berufliche und persönliche Kenntnisse, Erfahrungen und Fähigkeiten

IBM

Vom Trainee bis zum Gebietsleiter (Umsatz 8 Mio. Euro) habe ich mir, aufbauend auf dem Studium der Betriebswirtschaft, wichtige Kenntnisse und Fertigkeiten in der freien Wirtschaft angeeignet.

USA

Auslandserfahrung, mit Abschluss eines „High School Diploma", hat meinen Horizont wesentlich erweitert.

ZIEL

Zu meinen wichtigen persönlichen Eigenschaften gehört das Vermögen, mir Ziele zu setzen und diese dann gemeinsam mit meinen Partnern zu erreichen.

Einleitungsseite, 3. Beispiel

WICHTIGE ERSTE BOTSCHAFTEN

Diese Seite, dieser Platz kann Sie – falls noch nicht geschehen – persönlich vorstellen (Name, Beruf, Alter, Geburtsort, Familienstand, ggf. Kinder etc. bis hin zu der persönlichen Unterschrift unter dem dann auf dieser Seite platzierten Foto), aber hauptsächlich geht es darum, Ihre Arbeitspersönlichkeit textlich optimal zu präsentieren. Hier dürfte jetzt Ihre persönliche Botschaft zum Tragen kommen.

Häufig werden auch Elemente aus den vorangegangenen oder zukünftigen Bausteinen einer gut konzipierten Mappe auf dieser Seite thematisch ausgeführt.

1. Beispiel

Diese Variante weist große Ähnlichkeit mit dem 4. Beispiel für Einleitungsseite auf dieser Seite auf, ist aber ausführlicher getextet.

Zu meiner Person

Persönliche Daten

Dr. Emil Schwarzenberg
geboren am 03.08.1961
in Wismar
unverheiratet

Kenntnisse, Erfahrungen und Fähigkeiten

· Konstruktion, Verarbeitung und Anwendung von Kunststoffen und Thermomaterial
· Grundlegendes Wissen in der Volks- und Betriebswirtschaft
· Verhandlungs- und Gesprächsführung
· Berichterstattung gegenüber Industriepartnern
· Konzeptionelle und organisatorische Arbeit im Vertrieb
· Akquisition und Kundenbetreuung
· Qualitätssicherung
· Mitarbeiterführung
· Arbeiten in einem internationalen Konzern
· Selbstständiges und eigenverantwortliches Arbeiten
· Teamarbeit

Einleitungsseite, 4. Beispiel

ANDREAS DAUERWALD DIPLOM-INGENIEUR FÜR UMWELTTECHNIK

STILLERZEILE 55   12587 BERLIN (KÖPENICK)   TELEFON: 030 1117989 / 0163 45211   E-MAIL: A.DAUERWALD@YAHOO.DE

geboren am 11.03.1971 in Templin
(Uckermark-Kreis)
verheiratet; 3 Kinder

MEINE KENNTNISSE, FÄHIGKEITEN UND ERFAHRUNGEN

Zurzeit im Bereich Zentrale Dienste für Elektronik, Mechanik, Sensorik, EDV und rechnergesteuerte Verarbeitungsmaschinen

Anwendungsbereite Kenntnisse in Prozesssteuerung und Automatisierung

Erfahrung beim Aufbau neuer Organisationsstrukturen und der Realisierung von Projekten

Mehrjährige Erfahrung an Geräten und Anlagen der Prozessanalytik unter großchemischen Bedingungen

Führungserfahrung, unter anderem Verantwortung für eine Gruppe von 6 Technikern

Zielorientierte professionelle Arbeitsweise, insbesondere auch unter erschwerten Arbeitsbedingungen

Wichtige erste Botschaften, 1. Beispiel

RESÜMEE

Ich bin   ein optimistischer Mensch mit ausgeprägtem
Selbstvertrauen und einem hohen Maß an Eigeninitiative.
Es ist meine Überzeugung, dass alles wirklich Gewollte
im Leben machbar ist. Entscheidungen und Risiken gehe
ich nicht aus dem Weg. Auf Ehrlichkeit und Echtheit
in Ausdruck und Verhalten lege ich großen Wert.

Ich kann   mir Ziele selbst definieren und erreichen, viel leisten,
Stress positiv erleben, gut planen und organisieren
und mich voll und ganz engagieren.

Ich habe   Berufs- und Lebenserfahrung, ein gut entwickeltes Talent
für Kommunikation und den Umgang mit Menschen.
Dies macht mich erfolgreich.
Dabei habe ich mir die Fähigkeit zur Teamarbeit bewahrt.
Neben fachlicher Kompetenz waren für meinen
beruflichen Aufstieg vor allem Begeisterungsfähigkeit,
Lernbereitschaft und Flexibilität entscheidend.
Und noch etwas: Ich habe Humor.

Ich will   eine Leitungsaufgabe, die meine Kenntnisse fordert,
die Handlungsspielraum und Entwicklungschancen bietet,
eine Position, in der ich meine Führungsqualitäten
einsetzen und weiter ausbauen kann;
ein Unternehmen, mit dem ich mich identifiziere.

Wichtige erste Botschaften, 2. Beispiel

Zuallererst
etwas über meine Fachkenntnisse und
praktischen Erfahrungen

Marketing/Öffentlichkeitsarbeit

Planung verkaufsfördernder Maßnahmen
Konzeption und Gestaltung von Broschüren und Präsentationen
für Messestände, Kundenveranstaltungen etc.
Vorbereitung und Strukturierung von Unterlagen für Vorträge und
Kundenbesuche
Organisation von Veranstaltungen
Marktdatenerhebungen und -auswertungen

Wirtschaft/EDV

Betriebswirtschaftliches Studium
Umfangreiche Kenntnisse in der PC-Anwendersoftware unter
Windows NT/2000, XP, Apple Macintosh, Mac OS
Konzeption und Durchführung von Anwenderschulungen für neue
Mitarbeiter
Verwaltung der online verfügbaren Dokumentationen
Mitarbeit an der Entwicklung eines Programms für statistische
Auswertungen

Projektarbeit

Planung und Organisation eines interinstitutionellen Medienprojekts
Projektüberwachungsaufgaben (Terminüberwachung, Kostenkontrolle)
Koordinierungsaufgaben

Wichtige erste Botschaften, 3. Beispiel

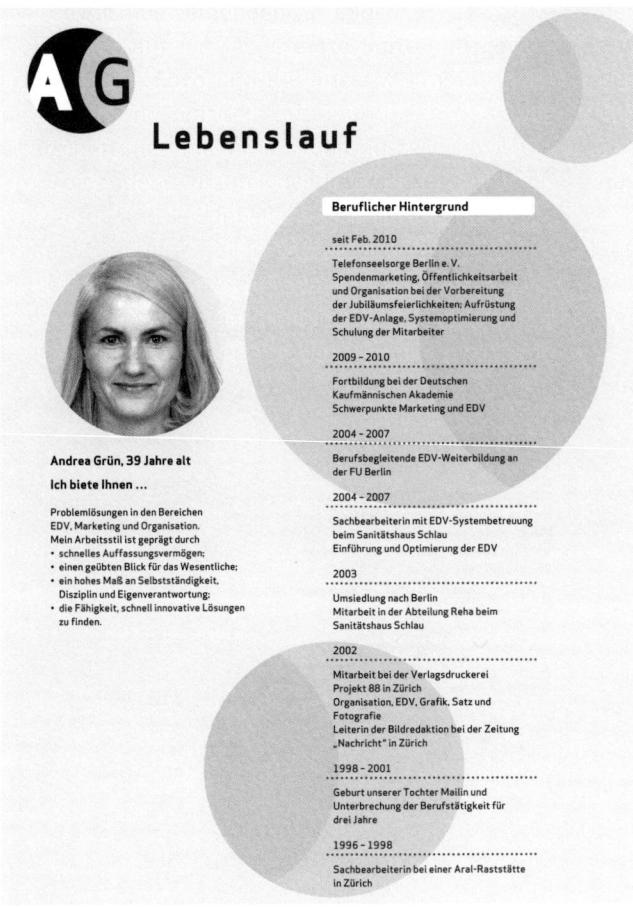

Wichtige erste Botschaften, 4. Beispiel

2. Beispiel

Hier handelt es sich schon um eine wirklich starke Werbetextbotschaft. So etwas kostet viel Zeit, wenn es gut sein soll. Falls Sie diese nicht haben, verzichten Sie besser darauf.

3. Beispiel

An den Anfang gesetzt, eventuell nach einem Deckblatt, kann man so die Aufmerksamkeit des Lesers wecken.

4. Beispiel

Dieses Beispiel verknüpft hier das Angebot mit den ersten Werdegangdaten. Sie sehen die kompletten Bewerbungsunterlagen ab S. 64.

LEBENSLAUF / BERUFLICHER WERDEGANG

Beim sogenannten Lebenslauf handelt es sich eher um Ihren beruflichen Werdegang. Er ist das Kernstück Ihrer Bewerbungsunterlagen. Auf diesen Seiten zeigen Sie Ihre Berufsstationen, die bisherigen Tätigkeiten und Verantwortungsbereiche, Ihre berufliche Entwicklung, etwas zu Herausforderungen und Erfolgen, den Ausbildungsgang und gegebenenfalls Weiterbildungsmaßnahmen, Interessenschwerpunkte und Hobbys. Ob Sie dabei alles auf eine Seite schreiben oder zwei, drei, sogar vier Seiten verwenden, bleibt Ihnen überlassen. Wie hier die Gestaltung und die Abfolge der Inhalte aussehen können, erläutern wir Ihnen ausführlich auf S. 86 ff.

Hier nur kurz drei Beispiele:

1. Beispiel

Eine sehr ästhetische Gestaltungsvariante, die dem Leser alle wichtigen Daten gut vor Augen führt und dabei der Bewerberin zu einem exzellenten Standing verhilft.

2. Beispiel (s. S. 57)

Kaum zu übertreffen, alle Berufsstationen plus Spezialkenntnisse und Ausbildung werden prägnant und überzeugend präsentiert.

3. Beispiel (s. S. 57)

Hier nun eine etwas kreativere Variante des beruflichen Werdegangs. Sie sehen: Sowohl gestalterisch als auch inhaltlich gibt es vielfältige Möglichkeiten bei der Erstellung Ihres Lebenslaufes.

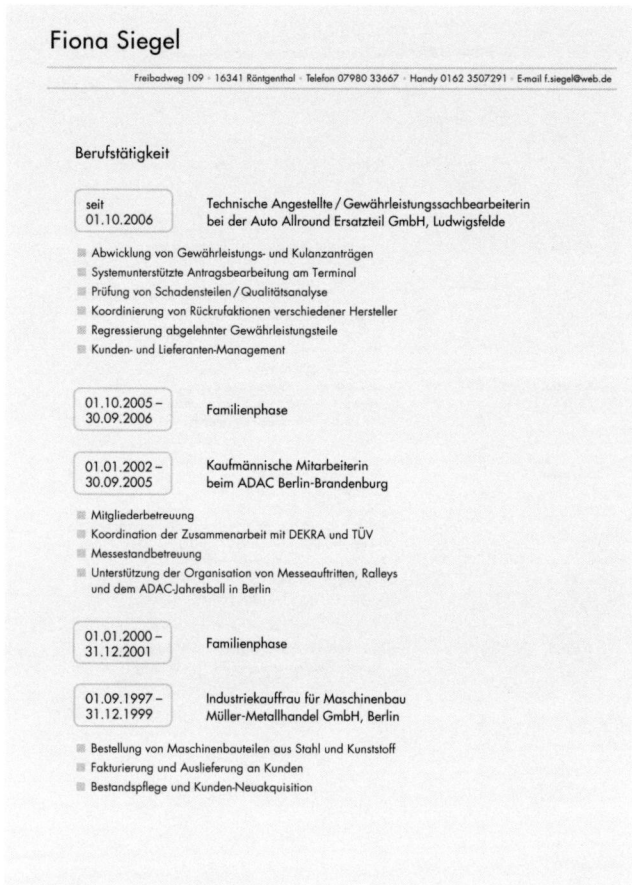

Lebenslauf, 1. Beispiel

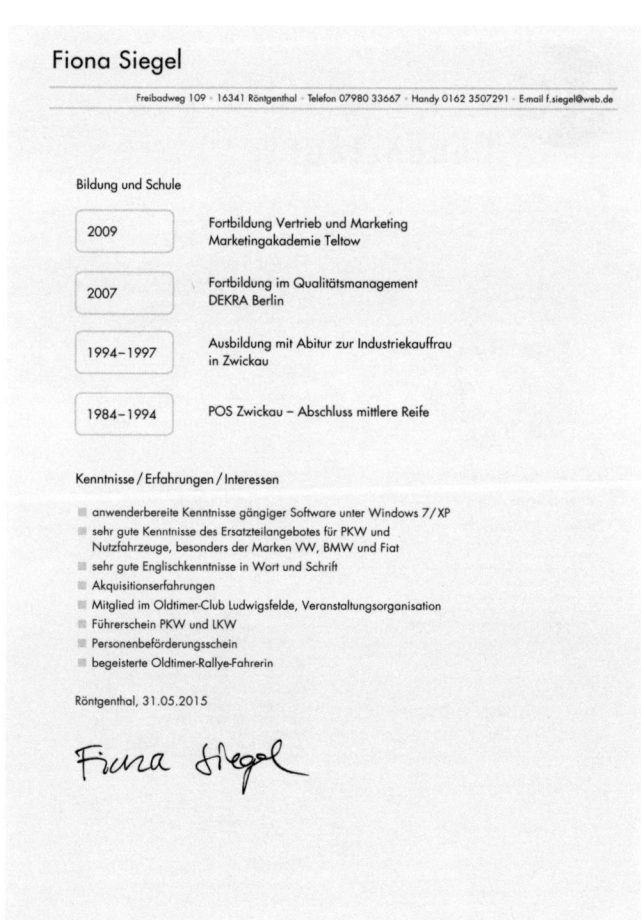

Lebenslauf, 1. Beispiel

ANDREAS DAUERWALD DIPLOM-INGENIEUR FÜR UMWELTTECHNIK
STILLERZEILE 55   12587 BERLIN (KÖPENICK)   TELEFON: 030 1117989 / 0163 45211   E-MAIL: A.DAUERWALD@YAHOO.DE

LEBENSLAUF

BERUFSPRAXIS

01 / 2002 bis jetzt

- **Spezialist** für Elektronik, Mechanik, EDV und rechnergesteuerte Verarbeitungsmaschinen (Projektmanagement); Instandhaltung in mittleren Unternehmen der Filmtechnik
- Inbetriebnahme, Wartung und Reparatur vollautomatischer Anlagen der Produktlinien
- Mikrorechnereinsatz in Büro und Produktion / Systemadministration
- Erstellung diverser EDV-Programme für Büroorganisation
- Führungserfahrung (6 Techniker)

10 / 1998 – 12 / 2001

- **Mitarbeiter** für Prozesssteuerung in der Chemie / EDV, Chemische Werke Leuna, Gruppe Verfahrenstechnik
- Projekt der rechnergeführten Polymerisation zur Qualitätsstabilisierung von Lacken
- Maßstabsübertragung vom Labor über Technikum in Produktionskessel
- Erarbeitung von Wirtschaftlichkeitsanalysen
- Konstruktion eines Reinigungsroboters
- Projektadaptierung und Optimierung verfahrenstechnischer EDV-Programme mit neuen IBM-kompatiblen Rechnern

09 / 1996 – 09 / 1998

- **Mitarbeiter** für Prozessautomatisierung und Verfahrenstechnik, Chemische Werke Leuna, Abteilung Prozesssteuerung und Automatisierung
- Konzeption und Realisierung multivalent nutzbarer Technikums-Anlagen für organische Spezialprodukte
- Deutliche Ausbeuteerhöhung von Hochpolymeren durch automatische Reaktorsteuerung
- Verbesserung technisch-organisatorischer Abläufe durch Planung, Beschaffung und Einsatzzuordnung von Arbeits- und Betriebsmitteln
- Zusätzliche Profilierung im pädagogischen Bereich: Lehrtätigkeit „Mathematik für Meister-Klassen"

09 / 1993 – 08 / 1996

- **Fachingenieur** für automatische Analysengeräte, Chemische Werke Leuna
- Erfolgreiches Projektmanagement bei automatischen Analysenmessanlagen für einen neuen Betriebsteil nach kürzester Einarbeitung
- Termingerechte Ablauforganisation und Mängelbeseitigung
- Anleitung und Aufsicht des Wartungspersonals
- Führungserfahrung (5 Facharbeiter)

Lebenslauf, 2. Beispiel

ANDREAS DAUERWALD DIPLOM-INGENIEUR FÜR UMWELTTECHNIK
STILLERZEILE 55   12587 BERLIN (KÖPENICK)   TELEFON: 030 1117989 / 0163 45211   E-MAIL: A.DAUERWALD@YAHOO.DE

SPEZIALKENNTNISSE

12 / 1992 – 12 / 2005

- Verschiedene **Lehrgänge** für die Bereiche:
  Chemische Reaktionskinetik
  Prozessanalyse / Automatisierungstechnik
  Verfahrenstechnische Grundlagen
- Praktische und Projekt-Erfahrung mit der SPS-SIMATIK S 5
- Praktische und theoretische Erfahrungen in der Prozessanalytik, Automatisierungstechnik
- Gute **Kenntnisse** im Computer-Operating; Systemadministrator für UNIX, Linux, VMS, PDP-11/RSX (MOOS 1600), IBM-360/370, VAX/VMS
- Anwendungsbereite **Erfahrungen** der Sprachen: C++, FORTRAN, PL/1, TSO, T-PASCAL, BASIC

STUDIUM UND SCHULE

09 / 1989 – 07 / 1993

- TH Halle, Fachrichtung Elektrotechnik, **Diplom-Ingenieur** für Messtechnik

09 / 1977 – 06 / 1989

- Besuch der Oberschule, **Abitur**
  Sprachen: Englisch, Russisch

INTERESSEN UND HOBBYS

- Reisen in Portugal und Spanien, Radfahren, Schwimmen

Berlin, 19.03.2015

Andreas Dauerwald

Lebenslauf, 2. Beispiel

Silke Uhland	**LEBENSLAUF**

geboren:	5. Januar 1979 in Wanne-Eickel
Familienstand:	ledig, kinderlos und ortsungebunden

Schul- und Hochschulbildung

1985 – 1989	Grundschule
1989 – 1991	Hauptschule
1991 – 1995	Aufbaurealschule
1995 – 1998	Gymnasiale Oberstufe der Gesamtschule Wanne-Eickel Abitur
1998 – 2003	Studium der Politischen Wissenschaft, Soziologie und Neueren Deutschen Literatur Magister-Artium-Examen

Um Einblicke in die unterschiedlichen Organisations- und Betriebsstrukturen zu gewinnen, setzte ich mir nach Abschluss meines Studiums das Ziel, in den folgenden fünf Jahren vielfältige Berufserfahrungen zu sammeln. Meine Arbeitsfelder waren bisher:

Kommunikations- und Informationsmanagement

Stadt Düsseldorf: Redaktionelle Mitarbeit bei der Erstellung des Ausstellungskatalogs „Hauptstadt: Residenzen und Stadtentwicklung in der deutschen Geschichte"	10/2003 – 12/2003
Kommission der Europäischen Gemeinschaft, Brüssel: Betreuung der Multimediakampagne zum Euromarkt 2003 über die Werbeagentur GfK	01/2004 – 06/2004
Europäisches Parlament, Straßburg: Friedrich-Naumann-Stipendium, Sektion Förderung Postgradualer Studien	10/2004 – 12/2004

Lebenslauf, 3. Beispiel

Öffentliche Verwaltung

Gesamtdeutsches Institut, Berlin: Recherche und Dateierstellung zum Thema „Kulturpolitik in der DDR"	07/2003 – 11/2003
Inter Nationes e. V., Frankfurt: Führung des Referatssekretariats „Kultur"	01/2005 – 03/2005

Personal- und Bildungsarbeit

Carl-Duisberg-Gesellschaft, Köln: Mitarbeit in verschiedenen Projekten zur Wissenschaftsförderung	05/2005 – 02/2006
Oberrhein-Verlag GmbH, Wesel: Assistentin im Projekt „Zukunftsorientierung im Verlagswesen"	07/2006 – 10/2006
Volkswagen, Wolfsburg: Assistentin des Personalmanagers Europäische Union	01/2007 – 09/2011

Verkauf / Vertrieb

BASF Lacke + Farben AG, Heidelberg: Abteilungsleiterin in der Sektion „Refinish"	10/2011 – 03/2014

Fortbildung

London Chamber of Commerce and Industry: English for Business	10/2010
Institut für Datenverarbeitung und Betriebswirtschaft, Hannover: Grundlagenkurs „Betriebswirtschaft, Spezialisierung Personalwesen"	04/2013 – 03/2015

Hobbys

Schwimmen
Segeln
Kunststudien über den Maler Marc Chagall

Mainz, 14. März 2015

Silke Uhland

Lebenslauf, 3. Beispiel

DRITTE SEITE

Mit einer besonderen Botschaft kann man an dieser Stelle wieder Werbung in eigener Sache machen. Voraussetzung: Sie haben wirklich etwas Essenzielles mitzuteilen. Gut getextet und vor allem kurz und prägnant sollte es auch hier zur Sache gehen. Gar nicht so einfach, aber dafür ungemein wirkungsvoll, wenn es gut gemacht wird. Dazu zeigen wir Ihnen zwei Beispiele. Ausführlich gehen wir auf dieses Thema ab S. 98 ein.

1. Beispiel

Ein netter Aufmacher, und trotzdem: Alles bleibt Ihrem persönlichen Geschmack überlassen. Wir wissen, wie erfolgreich dieser Text in der Realität gewirkt hat.

2. Beispiel

Noch pointierter geht es kaum. Ebenso, ja fast noch erfolgreicher war dieser Kandidat, der sich so präsentierte. Übrigens muss dieser Text nicht immer unterschrieben werden. Entscheiden Sie, was Ihnen besser gefällt.

ANDREAS DAUERWALD DIPLOM-INGENIEUR FÜR UMWELTTECHNIK
STILLERZEILE 55   12587 BERLIN (KÖPENICK)   TELEFON: 030 1117989 / 0163 45211   E-MAIL: A.DAUERWALD@YAHOO.DE

WARUM ICH MICH BEWERBE?

Die Fähigkeit zum konzeptionellen Arbeiten und mein Organisationstalent habe ich besonders beim Aufbau einer neuen Abteilung für Prozesssteuerung mehrfach unter Beweis gestellt. Ich bin es gewohnt, selbstständig und im Team zu arbeiten, und weiß, dass meine bisher gezeigte hohe Einsatzbereitschaft und kreative Flexibilität beim Lösen unterschiedlichster Problemfälle erfolgreich war.

Engagement und Belastbarkeit gehören zu meinen Persönlichkeitsmerkmalen. In einem für die Kreativität förderlichen Unternehmensklima konnte ich mit innovativen, kostenbewussten und termingerechten Lösungen überzeugen. Teamkollegen schätzen an mir besonders meine Hilfsbereitschaft und die Fähigkeit, neue Sachverhalte schnell zu erfassen und umzusetzen.

Als praxiserprobter Ingenieur vom Fach beherrsche ich alle „Register", von der Improvisation bis zur Perfektion, in der Verantwortung für die Sicherheit von Technik und Umwelt.

... UM ETWAS ZU BEWEGEN!

Berlin, 19. März 2015

Andreas Dauerwald

Dritte Seite, 1. Beispiel

SVEN OLSEN DIPLOM-BETRIEBSWIRT ————————
MOMMSENSTRASSE 73 • 10629 BERLIN • TELEFON: 030 8814903 • E-MAIL: OLSEN@AOL.DE

WIE ICH WURDE, WAS ICH BIN

Meine privaten und beruflichen Aufenthalte in angelsächsischen Ländern, wie den USA und Australien, prägten nachhaltig meinen Wunsch, in einem amerikanisch geführten Unternehmen zu arbeiten.

In neun Jahren vielseitiger IBM-Erfahrung, zunächst als Trainee und später als Gebietsleiter im Vertrieb, konnte ich mir einen sehr guten Überblick über das Zusammenspiel der verschiedenen Bereiche in einem Unternehmen erarbeiten. Mit Kundenkontakten auf jeder Ebene, Verkauf und Logistik bin ich bestens vertraut. Umsatz- und Marketingziele sind für mich persönliche Herausforderungen, denen ich mich gern und mit hohem Engagement stelle.

Teamgeist, Durchsetzungsvermögen und Lernbereitschaft kennzeichnen mich ebenso wie meine Fähigkeit, guten Kontakt zu Mitmenschen aufzubauen, um gemeinsam mit ihnen etwas zu bewegen und zu erreichen.

Dritte Seite, 2. Beispiel

Anlagen / Inhaltliche Gliederung

Arbeitszeugnisse / Referenzen

- Hotel „Weingut König", Trier
- „ABC"-Hotel GmbH, Berlin
- Hotel „Astro", Wiesbaden
- Hotel-Restaurant „Poch", Bellingen
- REWE-Süd-Großhandel, Spellbach
- Hotel-Restaurant „Rössle", Waldenburg
- Hotel „Hirsch", Fellbach
- Dienstzeugnis Bundeswehr
- Höhenhotel „Berghaus", Esslingen / Neckar

Seminare / Praktika

- Grundkurs Excel
- Grundkurs MS Windows
- Produkt-Marketing und -Werbung
- Controlling
- Strategische Unternehmensführung
- Anerkannter Fachberater für Deutschen Wein
- Praktikumszeugnis Hotel „Astro"
- Praktikumszeugnis Hotel „v. Korff"

Schulzeugnisse

- Hotelwirtschaftsschule, Berlin
- Ausbildereignungsprüfung, IHK Berlin
- Berufsoberschule, Bellingen
- Fachgehilfenbrief zum Koch

Anlagenverzeichnis, 1. Beispiel

Anlagen

Zeugnis der Volkswagen AG, Wolfsburg

Zeugnis der BASF Lacke + Farben AG, Heidelberg

Zeugnis zur Studie „Zukunftsorientierung im Verlagswesen im Oberrhein-Verlag GmbH, Wesel"

Zeugnisse des Instituts für Datenverarbeitung und Betriebswirtschaft, Hannover

Zeugnis der Carl-Duisberg-Gesellschaft, Köln

Certificate der London Chamber of Commerce and Industry

Kopie des Magister-Artium-Examens

Anlagenverzeichnis, 2. Beispiel

ANLAGENVERZEICHNIS

Ein Verzeichnis der Anlagen ist eine lese- und servicefreundliche Geste. Es gehört hinter den Lebenslauf bzw. die Dritte Seite, also genau vor die Anlagen, listet die beigefügten Kopien (Arbeits- und Ausbildungszeugnisse) auf und ermöglicht so den schnellen Überblick. Der eilige Leser sieht sofort, was ihn davon besonders interessiert, ohne erst Seite für Seite den gesamten Stapel durchsehen zu müssen.

Kommentar zum 1. und 2. Beispiel

Es gibt viele Möglichkeiten, das Anlagenverzeichnis übersichtlich zu gestalten. Entscheidend bleibt, dass Sie eines anbieten (allerdings nicht, wenn Sie nur zwei Anlagen beifügen). Das ist sehr lesefreundlich und zeigt Ihr gutes Organisationstalent.

ARBEITS- UND AUSBILDUNGS-ZEUGNISSE

Nun folgen zum Abschluss die wichtigsten Arbeitszeugnisse, Ausbildungsbescheinigungen und andere Erklärungen wie z. B. Referenzadressen, die Sie Ihren Bewerbungsunterlagen beilegen wollen und auf die wir hier nicht näher eingehen. Anhand der Anlagenverzeichnisse sehen Sie, wie man seine Zeugnisse präsentieren kann. Dabei gilt in der Regel: das aktuellste zuerst und dann chronologisch rückwärts vorgehen. Auch wichtig: Wer zu viel Papier und dazu noch unwichtige Dokumente beifügt (z. B. Freischwimmerzeugnis etc.), disqualifiziert sich selbst, lässt er doch den Blick für das Wesentliche schmerzlich vermissen.

Und weiter geht's: Nun folgen zwei ausführliche Bewerbungsunterlagenbeispiele wieder in der Vorher-nachher-Version. Hier finden Sie auch E-Mail-Anschreiben im Mail-Fenster selbst. Diese können, wenn sie sehr ausführlich und sorgfältig getextet sind, schon mal das Anschreiben überflüssig machen. Bei den beiden folgenden Beispielen zeigen wir aber auch jeweils das Anschreiben, das als Dateianhang mit auf den digitalen Weg gebracht wurde.

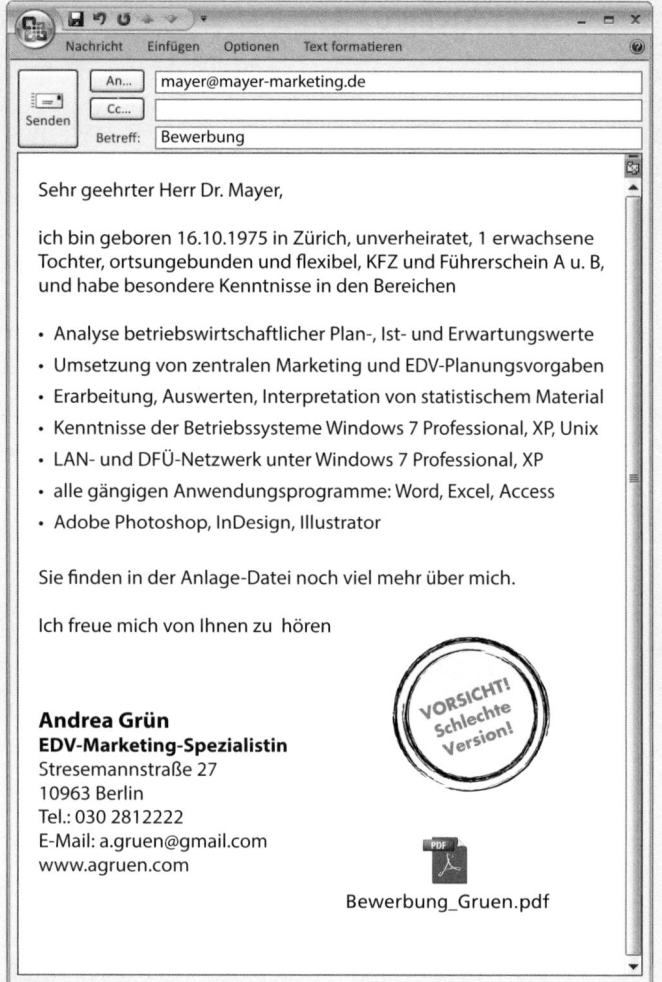

Variante 1

An... mayer@mayer-marketing.de
Cc...
Betreff: Bewerbung

Sehr geehrter Herr Dr. Mayer,

ich bin geboren 16.10.1975 in Zürich, unverheiratet, 1 erwachsene Tochter, ortsungebunden und flexibel, KFZ und Führerschein A u. B, und habe besondere Kenntnisse in den Bereichen

- Analyse betriebswirtschaftlicher Plan-, Ist- und Erwartungswerte
- Umsetzung von zentralen Marketing und EDV-Planungsvorgaben
- Erarbeitung, Auswerten, Interpretation von statistischem Material
- Kenntnisse der Betriebssysteme Windows 7 Professional, XP, Unix
- LAN- und DFÜ-Netzwerk unter Windows 7 Professional, XP
- alle gängigen Anwendungsprogramme: Word, Excel, Access
- Adobe Photoshop, InDesign, Illustrator

Sie finden in der Anlage-Datei noch viel mehr über mich.

Ich freue mich von Ihnen zu hören

Andrea Grün
EDV-Marketing-Spezialistin
Stresemannstraße 27
10963 Berlin
Tel.: 030 2812222
E-Mail: a.gruen@gmail.com
www.agruen.com

VORSICHT! Schlechte Version!

Bewerbung_Gruen.pdf

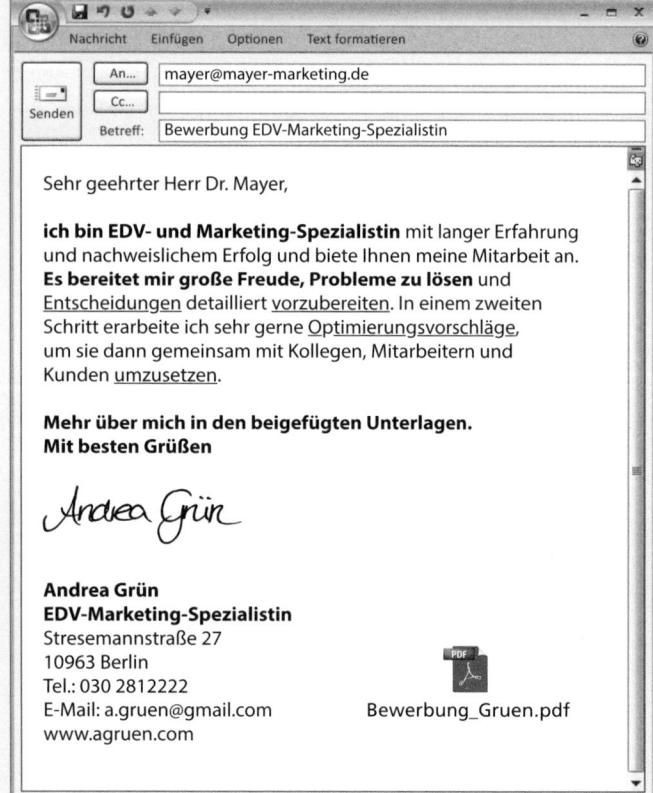

Variante 2

An... mayer@mayer-marketing.de
Cc...
Betreff: Bewerbung EDV-Marketing-Spezialistin

Sehr geehrter Herr Dr. Mayer,

ich bin EDV- und Marketing-Spezialistin mit langer Erfahrung und nachweislichem Erfolg und biete Ihnen meine Mitarbeit an. **Es bereitet mir große Freude, Probleme zu lösen** und Entscheidungen detailliert vorzubereiten. In einem zweiten Schritt erarbeite ich sehr gerne Optimierungsvorschläge, um sie dann gemeinsam mit Kollegen, Mitarbeitern und Kunden umzusetzen.

Mehr über mich in den beigefügten Unterlagen.
Mit besten Grüßen

Andrea Grün
EDV-Marketing-Spezialistin
Stresemannstraße 27
10963 Berlin
Tel.: 030 2812222
E-Mail: a.gruen@gmail.com
www.agruen.com

Bewerbung_Gruen.pdf

Variante 3

An... mayer@mayer-marketing.de
Cc...
Betreff: Bewerbung als Spezialistin Schwerpunkt: EDV und Marketing

Sehr geehrter Herr Dr. Mayer,

es ist mir eine große Freude, **Marketing-Entscheidungen** detailliert vorzubereiten und betriebswirtschaftliche Vorgänge sowie Kennzahlen zu analysieren und auszuwerten. In einem zweiten Schritt erarbeite ich **Optimierungsvorschläge**, um sie dann gemeinsam mit Kollegen, Mitarbeitern und Kunden umzusetzen.

Einen weiteren **Kompetenzschwerpunkt** habe ich **im EDV-Bereich**. Hier kann ich auf langjährige Erfahrungen ebenso zurückgreifen wie auf aktuelle Fort- und Weiterbildungen. Für meine berufliche und persönliche Entfaltung ist es mir sehr wichtig, mich erfolgreich in einem anspruchsvollen und leistungsstarken Umfeld einbringen zu können.

Ich freue mich, von Ihnen zu hören, und verbleibe mit freundlichen Grüßen

Andrea Grün
EDV-Marketing-Spezialistin
Tel.: 030 2812222
E-Mail: a.gruen@gmail.com
www.agruen.com

Geboren 16.10.1975 in Zürich, unverheiratet, ortsungebunden und flexibel, KFZ und Führerschein A und B, besondere Kenntnisse in den Bereichen
- Analyse betriebswirtschaftlicher Plan-, Ist- und Erwartungswerte
- Umsetzung von zentralen Marketing und EDV-Planungsvorgaben
- Erarbeiten, Auswerten, Interpretieren von statistischen Erhebungen
- vertiefte Kenntnisse der Betriebssysteme Windows 7 Professional, XP, Unix
- LAN- und DFÜ-Netzwerk unter Windows 7 Professional, XP
- alle gängigen Anwendungsprogramme: Word, Excel, Access
- Herstellung von grafischen Erzeugnissen: Adobe Photoshop, InDesign, Illustrator

Andrea Grün / E-Mail-Varianten (Kommentar Seite 68)

Andrea Grün
Stresemannstr. 27
10963 Berlin
Tel.: 030 2812222

Mayer Marketing GmbH
Herrn Dr. Bruno Mayer
Berliner Platz 3 – 7
34119 Kassel

10. April 2015

Bewerbung um eine Stelle in Ihrem Hause

Sehr geehrter Herr Dr. Mayer,

wie ich bereits Herrn Kupfer am Telefon mitgeteilt habe, möchte ich mich um eine Stelle in Ihrem Unternehmen bewerben. Wie besprochen übersende ich Ihnen nun meine Bewerbungsunterlagen, damit Sie sich ein Bild von mir machen können.

Ich bin eine EDV-Fachfrau mit weiteren Kenntnissen im Bereich Marketing und Organisation. Meine Hobbys sind Fotografie und Computergrafik, die mir für meine beruflichen Tätigkeiten sehr nützlich sind. Des Weiteren zeichne ich mich durch große Selbstständigkeit und hohe soziale Kompetenz aus. Den genauen Ausbildungs- und Berufsgang können Sie dem beigefügten Lebenslauf entnehmen.

Aus persönlichen Gründen möchte ich gern von Berlin nach Kassel übersiedeln und sehe in einer Position in Ihrem Unternehmen eine gute Möglichkeit, meine fachlichen Fähigkeiten mit Engagement und Motivation in Ihrem Hause unter Beweis zu stellen.

Ich bin flexibel einsetzbar und würde mich sehr freuen, wenn Sie mich zu einem Vorstellungsgespräch einladen würden.

Mit freundlichem Gruß

Andrea Grün

Andrea Grün / Anschreiben / Schlechte Version (Kommentar Seite 68)

Lebenslauf

Andrea Grün
Stresemannstr. 27
10963 Berlin
Tel.: 030 2812222
E-Mail: a.gruen@gmail.com
www.agruen.com

geboren am 16. Oktober 1975 in Zürich
schweizerische Staatsangehörigkeit
geschieden

*VORSICHT!
Schlechte
Version!*

Schulbildung

1981 – 1991	Grund- und Hauptschule
1991 – 1994	Berufsbildende Fachoberschule, Ausbildung zur technischen Zeichnerin
1994 – 1996	Technische Fachhochschule Zürich Zugangsprüfung zur technischen Fachhochschule Abschluss (Abitur) als Industriekauffrau

Weiterbildung

2007	Freie Universität Berlin Berufsbegleitende Weiterbildung „EDV-Anwendung in der kaufmännischen Sachbearbeitung" mit IHK-Abschluss
2010	Deutsche Kaufmännische Akademie Berlin Fortbildung „Kaufmännische Fachkraft"

berufliche Tätigkeiten

1996 – 1998	Aral-Raststätte in Zürich Sachbearbeiterin
2002	Verlagsdruckerei Projekt 88 in Zürich Mitarbeit in Organisation, EDV, Grafik, Satz u. Fotografie Leiterin der Bildredaktion
2003 – 2007	Sanitätshaus Schlau in Berlin Sachbearbeiterin mit EDV-Systembetreuung

Andrea Grün / Lebenslauf / Schlechte Version (Kommentar Seite 68)

Einführung und Optimierung der EDV

seit 02/10   Telefonseelsorge Mannheim e. V.
              Systemoptimierung/Aufrüstung der EDV-Anlage
              Schulung der Mitarbeiter
              Öffentlichkeitsarbeit/Spendenmarketing
              Organisation und Vorbereitung der Jubiläumsfeierlichkeiten

Besondere Kenntnisse

EDV   Betriebssystem Windows XP, 7
                 Alle gängigen Anwendungsprogramme: Winword, Excel, Access
Fotografie
und Sprachen   Englisch, Italienisch, Spanisch

Mannheim, 22. März 2015

Andrea Grün

 Andrea Grün · Stresemannstraße 27 · 10963 Berlin · Telefon 030 2812222

Herrn
Dr. Bruno Mayer
Mayer Marketing GmbH
Berliner Platz 3–7
34119 Kassel

Berlin, 10. April 2015

Bewerbungsunterlagen

Sehr geehrter Herr Dr. Mayer,

auf Empfehlung von Herrn Heinrich wende ich mich direkt an Sie
und überreiche Ihnen meine Bewerbungsunterlagen.

Aus persönlichen Gründen strebe ich eine Tätigkeit im Raum Kassel an.

Meine Arbeits- und Fähigkeitsschwerpunkte liegen auf den Gebieten
EDV, Marketing und Organisation.

Über die Gelegenheit zu einem persönlichen Gespräch würde ich mich sehr freuen.

Mit freundlichen Grüßen

Andrea Grün

Anlagen

Andrea Grün / Anschreiben / Verbesserte Version (Kommentar Seite 68)

Bewerbungsunterlagen

für Herrn Dr. Bruno Mayer
Mayer Marketing GmbH

von Andrea Grün, EDV-Marketing-Spezialistin
Stresemannstraße 27, 10963 Berlin
Telefon 030 2812222
E-Mail: a.gruen@gmail.com

geboren am 16. Oktober 1975
in Zürich

schweizerische Staatsangehörigkeit

unverheiratet, ortsunabhängig

mehr unter www.agruen.com

Andrea Grün / Deckblatt / Verbesserte Version (Kommentar Seite 68)

Lebenslauf

Andrea Grün, 39 Jahre alt

Ich biete Ihnen ...

Problemlösungen in den Bereichen
EDV, Marketing und Organisation.
Mein Arbeitsstil ist geprägt durch
- schnelles Auffassungsvermögen;
- einen geübten Blick für das Wesentliche;
- ein hohes Maß an Selbstständigkeit,
  Disziplin und Eigenverantwortung;
- die Fähigkeit, schnell innovative Lösungen
  zu finden.

Beruflicher Hintergrund

seit Feb. 2010

Telefonseelsorge Berlin e. V.
Spendenmarketing, Öffentlichkeitsarbeit
und Organisation bei der Vorbereitung
der Jubiläumsfeierlichkeiten; Aufrüstung
der EDV-Anlage, Systemoptimierung und
Schulung der Mitarbeiter

2009 – 2010

Fortbildung bei der Deutschen
Kaufmännischen Akademie
Schwerpunkte Marketing und EDV

2004 – 2007

Berufsbegleitende EDV-Weiterbildung an
der FU Berlin

2004 – 2007

Sachbearbeiterin mit EDV-Systembetreuung
beim Sanitätshaus Schlau
Einführung und Optimierung der EDV

2003

Umsiedlung nach Berlin
Mitarbeit in der Abteilung Reha beim
Sanitätshaus Schlau

2002

Mitarbeit bei der Verlagsdruckerei
Projekt 88 in Zürich
Organisation, EDV, Grafik, Satz u. Fotografie
Leiterin der Bildredaktion bei der Zeitung
„Nachricht" in Zürich

1998 – 2001

Geburt unserer Tochter Mailin und
Unterbrechung der Berufstätigkeit für
drei Jahre

1996 – 1998

Sachbearbeiterin bei einer Aral-Raststätte
in Zürich

Andrea Grün / Lebenslauf / Verbesserte Version (Kommentar Seite 68)

Schulbildung

1994 – 1996

Zugangsprüfung zur technischen
Fachhochschule
Abschluss (Abitur) als Industriekauffrau

1991 – 1994

Berufsbildende Fachoberschule,
Ausbildung zur technischen Zeichnerin

1981 – 1991

Grund- und Hauptschule in Zürich

Weiterbildung

2010

Deutsche Kaufmännische Akademie Berlin:
„Kaufmännische Fachkraft mit Schwerpunkt
Marketing, EDV, allgemeine Betriebswirt-
schaftslehre mit Finanzbuchhaltung"
Abschlussnote 1,4

2007

Weiterbildung an der Freien Universität
Berlin: „EDV-Anwendung in der kaufmänni-
schen Sachbearbeitung"
Abschlussprüfung bei der IHK Berlin:
Abschlussnote 1,25

Besondere Kenntnisse

EDV

vertiefte Kenntnisse der Betriebssysteme
Windows 7 Professional, XP
LAN- und DFÜ-Netzwerk unter Windows 7
Professional, XP
umfassende Kenntnisse des Betriebssystems
Unix
alle gängigen Anwendungsprogramme:
Word, Excel, Access
vertiefte Erfahrungen im Einsatz von
Adobe Illustrator bei der Herstellung von
grafischen Erzeugnissen
Adobe Photoshop und InDesign
gute Java-Kenntnisse

Fotografie

berufliche Erfahrungen im Verlagswesen
Reportage und Illustration
mehrere Ausstellungen von digital
manipulierten Bildern

Sprachen

Englisch, Italienisch, Spanisch

Hobbys

Grafikprogramme, Bildbearbeitung,
Fraktalgrafik, Multimedia, Fotografieren
und Bergwanderungen in den Alpen

Beruflich ...

bin ich flexibel und offen für

• projektbezogene oder globale Aufgaben,

• Voll- oder Teilzeit-Beschäftigung,

• freie oder feste Mitarbeit.

Berlin, 10. April 2015

Andrea Grün / Lebenslauf / Verbesserte Version (Kommentar Seite 68)

ZU DEN UNTERLAGEN VON ANDREA GRÜN

Kommentar zur Mail-Variante 1

Leider ist der Einstieg in den Text sehr unglücklich – das Geburtsdatum und der Familienstand sind nicht die Informationen, die der Personaler als Erstes lesen möchte.

Kommentar zur Mail-Variante 2

Insgesamt ein vielversprechender Auftakt, gelungener Umgang mit Fettungen und Unterstreichungen. Die Betreffzeile ist klar, kurz und unspektakulär, aber doch sehr überzeugend! Die namentliche Ansprache ist sehr schön. Der Text hat einen sehr außergewöhnlichen, gelungenen Einstieg! Inhaltlich ein guter Kurztext, der unbedingt neugierig auf mehr macht. Die eingescannte Unterschrift gefällt uns gut, ebenso wie der Abbinder – gut gelöst mit Berufsbezeichnung!

Kommentar zur Mail-Variante 3

Ein stark auffälliger, aber doch noch sehr angenehmer Auftakt – sehr außergewöhnliche Botschaften, viel Inhalt und gute Präsentation der Kompetenzen und Erfahrungen. Inhaltlich macht die gute Anmoderation neugierig auf mehr. Der Abschluss ist korrekt getextet.

1. Version

Ein absolut langweiliges Layout, ein eigentlich überhaupt nicht gestalteter Brief transportiert das namentlich adressierte (wenigstens dieser Fehler wurde vermieden) **Anschreiben**, das im Blocksatz eher tot als lebendig wirkt. Dafür fehlt der Ort beim Datum. Erst beim Lesen des zweiten Absatzes wissen wir: Hier handelt es sich um eine EDV-Fachfrau. Da wäre doch wohl eine E-Mail-Adresse, besser noch der direkte Hinweis auf ihren beruflichen Hintergrund das Mindeste, was man erwarten dürfte. Satzanfangswiederholungen, aber auch ungeschickte Formulierungen, eine eher unglückliche Motivationsangabe, der verwendete Konjunktiv im letzten Absatz sowie ein fehlender Hinweis auf die Anlage lassen auch für das weitere Studium der Unterlagen nichts Gutes erwarten.

Der sich über zwei Seiten erstreckende **Lebenslauf** präsentiert die persönlichen Daten sowie die bereits vermisste E-Mail-Adresse auf recht angenehme Weise. Er fängt klassisch chronologisch mit der Schulbildung an, reißt aber die beruflichen Tätigkeiten auseinander und setzt sogar eine letzte Zeile an den Anfang der neuen Seite. Dieser Seitenumbruch ist sehr ungeschickt. Wir erfahren nur

Spärliches über die EDV-Kenntnisse, auch nichts über Hobbys oder andere Interessen der Kandidatin, die aber bereits im Anschreiben (leider der falsche Ort) erwähnt wurden. Lediglich das Stichwort Fotografie und die beeindruckenden Sprachkenntnisse tauchen am Ende auf, leider mit einem Datum, das nicht mit dem Anschreibedatum korrespondiert.

2. Version

Jetzt wird klar: eine Art Initiativbewerbung, die sich im Anschreiben auf eine persönliche Empfehlung bezieht, die Bewerbungsmotive benennt und kurz und knapp auf den Punkt bringt, was die Kandidatin anzubieten hat. Ein gelungener, prägnanter Auftakt! Die außergewöhnliche Briefkopfgestaltung sowie das gesamte modern und lebendig (Flattersatz!) gestaltete Layout dieser Bewerbungsunterlagen fallen durchaus positiv auf. Wie gut eine so kreative Gestaltung ankommt, ist sicherlich immer eine Frage des Geschmacks. Insgesamt eine gute Demonstration, dass sich das **Anschreiben** auf wenige Zeilen beschränken kann, wenn man weiß, was man vermitteln will, und die folgenden Unterlagen entsprechend aufbereitet sind.

Das **Deckblatt** übernimmt bereits Informationsfunktionen, die traditionell der Lebenslauf hatte. Auch auf dieser Seite wäre ein Foto denkbar. Der schlichte, aber gut platzierte Hinweis auf einen eigenen Internetauftritt macht neugierig.

Die nun folgenden zwei Seiten sind in der Dramaturgie äußerst interessant gestaltet und übermitteln wichtige Informationen auf höchst angenehme Weise (z. B. unverheiratet statt geschieden). Besser kann man einen Überblick über den eigenen **Werdegang** kombiniert mit wichtigen »Werbebotschaften« und konkreten Arbeitsangeboten kaum gestalten. Die Geburt der Tochter und der Erziehungsurlaub sind gut platziert. Das **Foto**, außergewöhnlich in der runden Form und passend zum Layout, vermittelt den Eindruck, dass die Kandidatin den Leser direkt anspricht. Das schafft Sympathie und Interesse. Das **Verzeichnis** der beigefügten Zeugnisse haben wir aus Platzgründen weggelassen.

Übrigens sollten Sie stets mit blauer Tinte unterschreiben, was aus drucktechnischen Gründen hier nicht dargestellt werden kann.

Einschätzung: Ein sehr gelungenes Beispiel in Form eines überzeugenden Beweises für Eigeninitiative. Eine außergewöhnlich interessante Präsentationsform der eigenen »Werbebotschaft«.

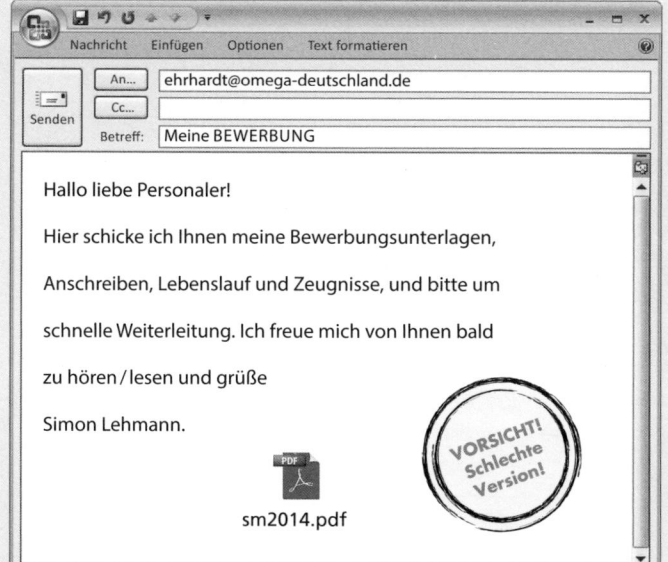

Variante 1

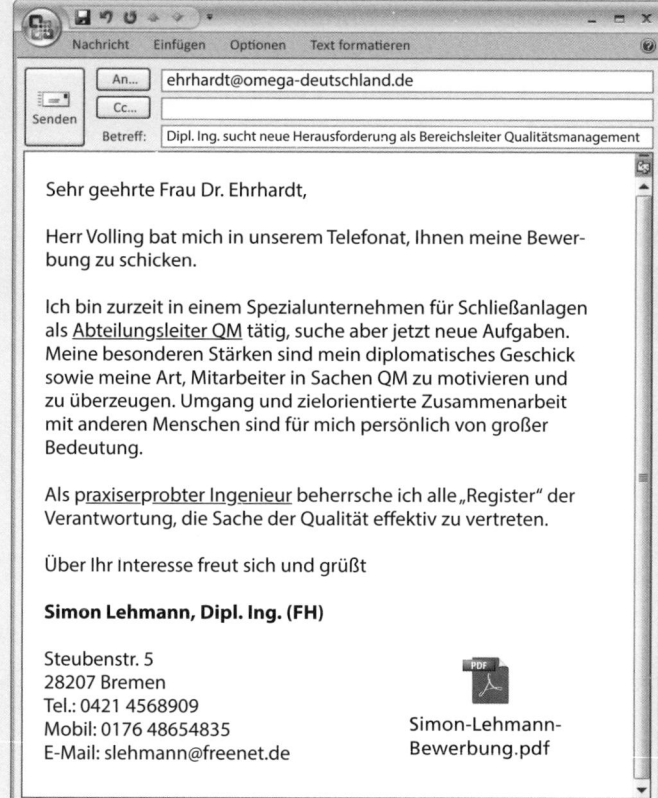

Variante 2

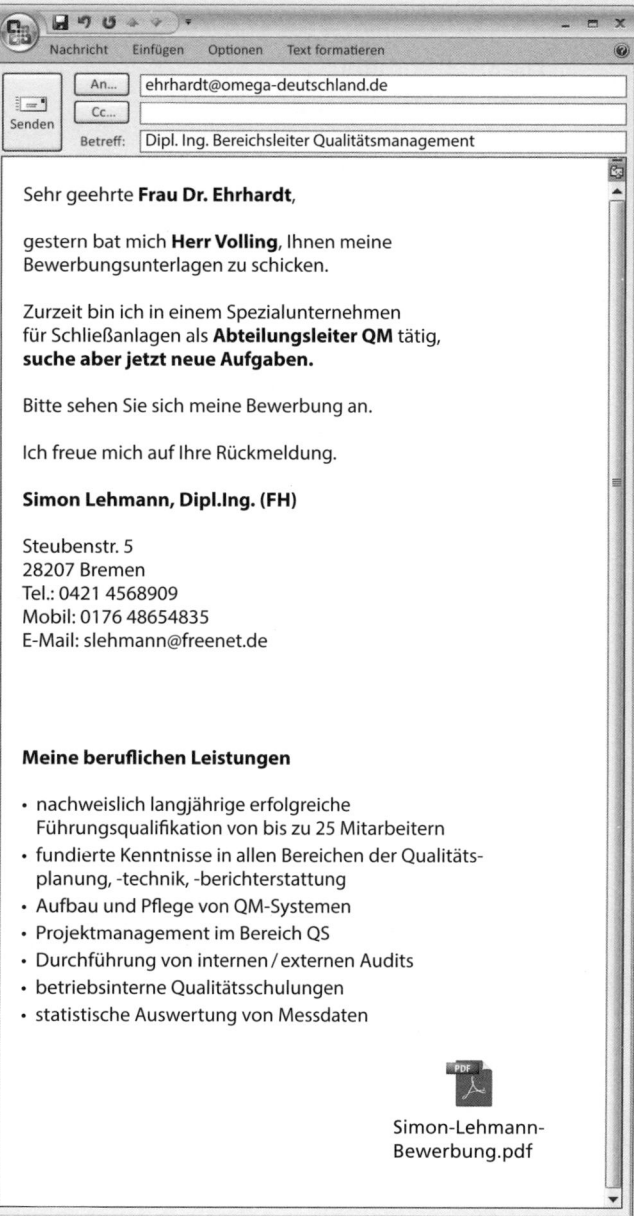

Variante 3

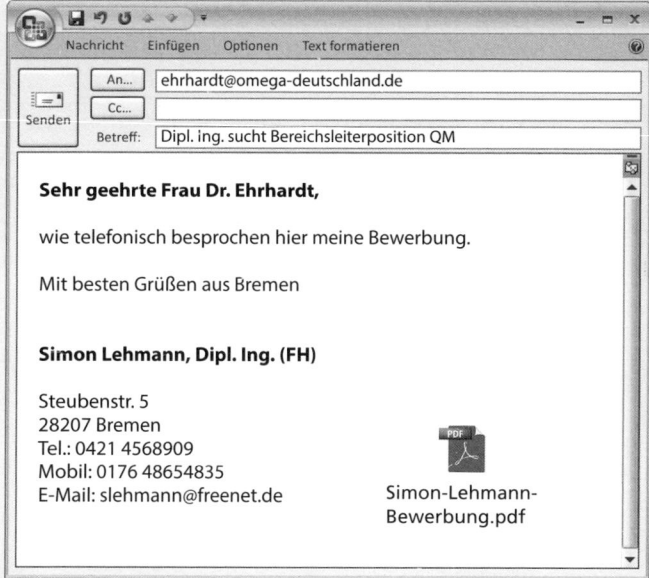

Variante 4

Simon Lehmann / E-Mail-Varianten (Kommentar Seite 85)

Simon Lehmann   25. August 2015
Steubenstr. 5
28207 Bremen
Tel.: 0421 4568909

Omega Deutschland GmbH
Personalabteilung
Friedenstr. 23
28207 Bremen

Ihre Anzeige in der Bremer Morgenpost vom 20.08.2015

Sehr geehrte Damen und Herren,

ich beziehe mich auf Ihre o.g. Anzeige und möchte mich als Ingenieur für die Position
Leiter Qualitätsmanagement bewerben. Ich glaube, dass meine Kenntnisse und Fähigkeiten Ihren Anforderungen entsprechen können.

Nach meiner Lehre als Betriebsschlosser habe ich an der Technischen Fachhochschule Maschinenbau studiert und mich bei der Deutschen Gesellschaft für Qualitätsmanagement zum Qualitätsfachingenieur weitergebildet. Praktische Erfahrungen habe
ich insbesondere durch den Aufbau eines QM-Systems und die Einleitung des Zertifizierungsverfahrens nach DIN EN ISO 9001 erworben. Meine Sprachkenntnisse in Englisch verbesserte ich ebenfalls außerhalb meines Dienstes an der Berlitz School. Sehr
gute PC-Anwenderkenntnisse kann ich ebenfalls vorweisen.

In meiner derzeitigen Tätigkeit als Leiter QM habe ich gezeigt, dass ich mich eigenverantwortlich, teamorientiert und mit Engagement für die Sache der Qualität einsetzen
kann. Aufgrund von konzernweiten Umstrukturierungsmaßnahmen und der Dezentrali-
sierung des Qualitätswesens entfällt leider mein Arbeitsplatz zum 31.12.2015.

Den ausführlichen beruflichen Werdegang entnehmen Sie bitte den beigefügten Bewerbungsunterlagen. Das von Ihnen aufgeführte Aufgabengebiet interessiert mich sehr,
deshalb würde ich mich über eine Einladung zu einem persönlichen Gespräch sehr
freuen.

Mit freundlichen Grüßen

Simon Lehmann

Anlage: Bewerbungsmappe

PS: Vom 30.08.2015 bis 10.09.2015 nehme ich an der Auditorenfortbildung der DGQ
      in München teil.

Simon Lehmann / Anschreiben / Schlechte Version (Kommentar Seite 85)

Bewerbungsunterlagen

Simon Lehmann

Bremen

zur Vorlage bei der

Omega Deutschland GmbH

Bremen

als

Leiter Qualitätsmanagement

Simon Lehmann / Deckblatt / Schlechte Version (Kommentar Seite 85)

Lebenslauf

1   Persönliche Daten

Name:	Simon Lehmann
Anschrift:	Steubenstr. 5, 28207 Bremen
Tel.:	0421 4568909
Geboren am:	30. August 1972
Geburtsort:	Münster in Westfalen
Familienstand:	Lebensgemeinschaft mit Grundschullehrerin
Hobbys:	Schach, fernöstliche Philosophie, Tai-Chi-Chuan

VORSICHT! Schlechte Version!

Simon Lehmann / Lebenslauf / Schlechte Version (Kommentar Seite 85)

2 Berufspraxis

2.1 Betriebsschlosser

Firmen: 3 verschiedene Firmen der Metallindustrie, Hannover und Berlin
Beschäftigt: von 10/1991 bis 10/1998
Aufgaben:
- Reparatur und Wartung von Werkzeugmaschinen

2.2 Gruppenleiter Qualitätssicherung

Firma: Energie GmbH, Werk Bremen
Produkte: Starterbatterien, Industriebatterien, Traktionsbatterien dryfit
Beschäftigte: 200, Führung: 20 Mitarbeiter
Beschäftigt: von 05/2004 bis 12/2009
Aufgaben:
- Wareneingangs- und Fertigungprüfungen
- Aufbau eines Qualitätssicherungssystems
- statistische Auswertung von Messdaten
- Beschaffung von Prüf- und Messmitteln
- Erstellung von Verfahrens- und Prüfanweisungen
- Mitarbeit beim Aufbau eines QS-Systems im Werk Spanien

2.3 Leiter Qualitätswesen

Firma: IKROM AG, Bremen
Produkte: Mechanische und elektronische Zylinderschlösser, Schließanlagen, Kastenschlösser und Schutzbeschläge
Beschäftigte: 200, Umsatz: 200 Mio.
Führung: 25 Mitarbeiter, Berichterstattung an den Vorstand
Beschäftigt: seit 01/2010
Aufgaben:
- Qualitätsplanung, Qualitätstechnik und Qualitätsberichterstattung
- Wareneingangs-, Fertigungs- und Endprüfungen
- Aufbau und Pflege eines QM-Systems nach DIN EN ISO 9001
- Vorbereitung der Zertifizierung des QM-Systems
- Durchführung von internen und externen Qualitätsaudits
- Durchführung von betriebsinternen Qualitätsschulungen
- Projektmanagement im Bereich Qualitätssicherung
- Einführung von Arbeitsgruppen zur Entwicklung des Qualitätsbewusstseins in Richtung TQM
- Mitarbeit bei Einführung von Fertigungsinseln, Lean Management und anderen Restrukturierungsmaßnahmen

3 Ausbildung

3.1 Schul- und Berufsausbildung

09/1988 bis 08/1991	Lehre als Betriebsschlosser, Fa. Mahnwald, Hannover **Abschluss:** Facharbeiter
09/1995 bis 07/1998	Fachoberschule, Hannover **Abschluss:** Fachhochschulreife
10/1998 bis 07/2003	Technische Fachhochschule (TFH), Hannover Fachrichtung Maschinenbau **Abschluss:** Diplom-Ingenieur

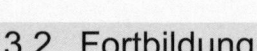

VORSICHT! Schlechte Version!

3.2 Fortbildung

11/2003 bis 05/2004	REFA-Grundausbildung für das Arbeitsstudium REFA-Landesverband Hannover e. V., Hannover **Abschluss:** REFA-Grundschein
09/2004 bis 03/2006	Lehrgang: Qualitätstechnik QII Deutsche Gesellschaft für Qualität (DGQ), München **Abschluss:** Qualitätstechniker DGQ
03/2006 bis 07/2009	Lehrgang: Qualitätsmanagement QM Deutsche Gesellschaft für Qualität (DGQ), München **Abschluss:** Qualitätsfachingenieur DGQ
06/2012	Prüfungslehrgang: DGQ-Auditor Deutsche Gesellschaft für Qualität (DGQ), München **Abschluss:** DGQ-Auditor / EOQ Quality Auditor

3.3 Weitere Kenntnisse und Fähigkeiten

seit 2006	PC-Lehrgänge zur Textverarbeitung und Tabellenkalkulation, intensive Beschäftigung mit Textverarbeitung und Tabellenkalkulation (MS Office) und weiteren Windows-Programmen, Grundkenntnisse der EDV und BASIC-Programmierung vorhanden
seit 2009	Mitglied der Deutschen Gesellschaft für Qualität (DGQ), Teilnahme an Regionalkreisveranstaltungen der DGQ, Besuch div. Seminare und Vorträge zu Themen der QS
seit 2011	Verbesserung der englischen Sprachkenntnisse bei Berlitz International Inc., Bremen

Referenzen und Arbeitsproben können bei Interesse vorgelegt werden.

Simon Lehmann / Lebenslauf / Schlechte Version (Kommentar Seite 85)

Schulungen zu Grundlagen und Werkzeugen der QS und Arbeitsgruppen zur Entwicklung des Qualitätsbewusstseins haben sich als wichtige Vorgehensweisen zum Aufbau und zur Weiterentwicklung eines QM-Systems gezeigt. Mit modernen Moderationstechniken wie Metaplantechnik unterstütze ich die eher theoretischen Ausführungen. Mein Ziel ist es, alle Mitarbeiter zu motivieren, sodass sie sich für die Sache der Qualität selbst verantwortlich fühlen. Aufgrund meiner Praxis spreche ich „alle Sprachen" innerhalb eines Unternehmens.

Ich vertrete die Sache der Qualität zwar fest, aber mit diplomatischem Geschick durch Überzeugung und Motivation. Meine Mitarbeiter führe ich stets zielstrebig und unter Praktizierung von Teamarbeit. Mit dem notwendigen Maß an Offenheit, Einfühlungsvermögen und Kreativität treibe ich mit aller Kraft die Weiterentwicklung des QM-Systems voran. Gerne beschäftige ich mich mit modernen Qualitätsmanagement- und Führungstechniken sowie statistischen Verfahren. Die betriebsinternen und externen Veröffentlichungen zu QS-Themen gehören dazu.

Simon Lehmann

Bremen, 25. August 2015

VORSICHT! Schlechte Version!

Simon Lehmann, Diplom-Ingenieur
Steubenstr. 5
28207 Bremen
Tel.: 0421 4568909, Mobil: 0176 48654835
E-Mail: slehmann@freenet.de

Bremen, 25. August 2015

Omega Deutschland GmbH
Personalabteilung
Frau Dr. Ehrhardt
Friedenstr. 23
28207 Bremen

Ihre Anzeige in der Bremer Morgenpost vom 20.08.2015

Sehr geehrte Frau Dr. Ehrhardt,

vielen Dank für das freundliche und informative Gespräch. Unser gestriges Telefonat hat mein Interesse bestärkt, mich bei Ihnen für die Position Leiter Qualitätsmanagement zu bewerben. Sie haben einen Arbeitsbereich beschrieben, der für mich eine besondere Herausforderung darstellt.

Zu meiner Person:
Nach meiner Lehre als Betriebsschlosser habe ich Maschinenbau studiert und mich bei der Deutschen Gesellschaft für Qualitätsmanagement zum Qualitätsfachingenieur weitergebildet. Zurzeit bin ich in einem Spezialunternehmen für Schließanlagen als Leiter Qualitätsmanagement tätig.

Mein Wissen und Können im Bereich QM habe ich besonders durch den Aufbau eines QM-Systems und die Einleitung des Zertifizierungsverfahrens nach DIN EN ISO 9001 unter Beweis gestellt. In meiner täglichen Arbeit bin ich es gewohnt, mich eigenverantwortlich, teamorientiert und mit Engagement für die Sache der Qualität einzusetzen. Eine starke Leistungsmotivation, gepaart mit hoher Lernbereitschaft, runden mein berufliches wie persönliches Profil ab.

Ich wünsche mir neue herausfordernde Aufgaben im Bereich QM und möchte gern einen Beitrag zur Weiterentwicklung Ihres Unternehmens leisten. Sollte ich Ihr Interesse geweckt haben, würde ich mich über eine Einladung sehr freuen.

Mit freundlichen Grüßen

Simon Lehmann

Anlage: Bewerbungsmappe

Simon Lehmann / Anschreiben / Verbesserte Version (Kommentar Seite 85)

Bewerbungsunterlagen

Simon Lehmann

Steubenstr. 5
28207 Bremen
Tel. 0421 4568909, Mobil: 0176 48654835
E-Mail: slehmann@freenet.de

für die
Omega Deutschland GmbH
Bremen

als
Leiter Qualitätsmanagement

Simon Lehmann / Deckblatt / Verbesserte Version (Kommentar Seite 85)

Lebenslauf

1
Persönliche Daten

Simon Lehmann

Steubenstr. 5, 28207 Bremen
Tel.: 0421 4568909, Mobil: 0176 48654835
Geboren am 30. August 1972 in Münster / Westfalen
Hobbys: Schach, Tai-Chi-Chuan

Bremen, 25. August 2015

Simon Lehmann

2.1
Leiter Qualitätswesen

Firma:
IKROM AG, Bremen

Produkte:
mechanische und elektronische Zylinderschlösser, Schließanlagen,
Kastenschlösser und Schutzbeschläge

Beschäftigte:
200, Umsatz: 200 Mio.

Führung:
25 Mitarbeiter, Berichterstattung an den Vorstand

Beschäftigt:
seit 01/2010

Aufgaben:
Qualitätsplanung, Qualitätstechnik und Qualitätsberichterstattung

Wareneingangs-, Fertigungs- und Endprüfungen

Aufbau und Pflege eines QM-Systems nach DIN EN ISO 9001

Vorbereitung der Zertifizierung des QM-Systems

Durchführung von internen und externen Qualitätsaudits

Durchführung von betriebsinternen Qualitätsschulungen

Projektmanagement im Bereich Qualitätssicherung

Einführung von Arbeitsgruppen zur Entwicklung des Qualitätsbewusstseins in Richtung TQM

Mitarbeit bei Einführung von Fertigungsinseln, Lean Management
und anderen Restrukturierungsmaßnahmen

Simon Lehmann / Lebenslauf / Verbesserte Version (Kommentar Seite 85)

2
Berufspraxis

2.2
Gruppenleiter Qualitätssicherung

Firma:
Energie GmbH, Werk Bremen

Produkte:
Starterbatterien, Industriebatterien, Traktionsbatterien dryfit

Beschäftigte:
200, Führung: 20 Mitarbeiter

Beschäftigt:
von 05/2004 bis 12/2009

Aufgaben:
Wareneingangs- und Fertigungsprüfungen

Aufbau eines Qualitätssicherungssystems

statistische Auswertung von Messdaten

Beschaffung von Prüf- und Messmitteln

Erstellung von Verfahrens- und Prüfanweisungen

Mitarbeit beim Aufbau eines QS-Systems im Werk Spanien

2.3
Betriebsschlosser

Firmen:
3 verschiedene Firmen der Metallindustrie, Hannover und Berlin

Beschäftigt:
von 10/1991 bis 10/1998

Aufgaben:
Reparatur und Wartung von Werkzeugmaschinen

Simon Lehmann / Lebenslauf / Verbesserte Version (Kommentar Seite 85)

3
Ausbildung

3.1
Schul- und Berufsausbildung

10 / 1998 bis 07 / 2003
Technische Fachhochschule (TFH), Hannover
Fachrichtung Maschinenbau
Abschluss: Diplom-Ingenieur

09 / 1995 bis 07 / 1998
Fachoberschule, Hannover
Abschluss: Fachhochschulreife

09 / 1988 bis 08 / 1991
Lehre als Betriebsschlosser, Fa. Mahnwald, Hannover
Abschluss: Facharbeiter

3.2
Fortbildung

06 / 2012
Prüfungslehrgang: DGQ-Auditor
Deutsche Gesellschaft für Qualität (DGQ), München
Abschluss: DGQ-Auditor / EOQ Quality Auditor

03 / 2007 bis 07 / 2009
Lehrgang: Qualitätsmanagement QM
Deutsche Gesellschaft für Qualität (DGQ), München
Abschluss: Qualitätsfachingenieur DGQ

09 / 2004 bis 03 / 2006
Lehrgang: Qualitätstechnik QII
Deutsche Gesellschaft für Qualität (DGQ), München
Abschluss: Qualitätstechniker DGQ

11 / 2003 bis 05 / 2004
REFA-Grundausbildung für das Arbeitsstudium REFA-Landesverband Hannover e. V., Hannover
Abschluss: REFA-Grundschein

Simon Lehmann / Lebenslauf / Verbesserte Version (Kommentar Seite 85)

3
Ausbildung

3.3
Weitere Kenntnisse und Fähigkeiten

seit 2011
Verbesserung der englischen Sprachkenntnisse bei Berlitz International Inc., Bremen

seit 2009
Mitglied der Deutschen Gesellschaft für Qualität (DGQ)
Teilnahme an Regionalkreisveranstaltungen der DGQ
Besuch div. Seminare und Vorträge zu Themen der QS

seit 2006
PC-Lehrgänge zur Textverarbeitung und Tabellenkalkulation
intensive Beschäftigung mit Textverarbeitung und Tabellenkalkulation (MS Office)
und weiteren Windows-Programmen
Grundkenntnisse der EDV und BASIC-Programmierung vorhanden

Referenzen und Arbeitsproben können bei Interesse vorgelegt werden.

Was spricht für mich?

Meine beruflichen Leistungen

Ich bin bestens vertraut mit allen Bereichen der Qualitätsplanung,
-technik und -berichterstattung,

managte Projekte im Bereich Qualitätssicherung,

erstellte und pflegte ein QM-System nach DIN EN ISO 9001,

führte interne und externe Qualitätsaudits durch,

baute ein Qualitätssicherungssystem auf,

konzipierte Verfahrens- und Prüfanweisungen,

führte betriebsinterne Qualitätsschulungen durch,

wertete statistische Messdaten erfolgreich aus.

Meine Arbeitsweise

Meine besonderen Stärken sind mein diplomatisches Geschick sowie meine Art,
Mitarbeiter in Sachen QM zu motivieren und zu überzeugen.

Der Umgang und die zielorientierte Zusammenarbeit mit anderen Menschen
sind für mich persönlich von großer Bedeutung.

Dabei beherrsche ich als praxiserprobter Fachingenieur alle „Register" in der
Verantwortung, die Sache der Qualität effektiv zu vertreten.

Simon Lehmann

Bremen, 25. August 2015

Simon Lehmann / »Dritte Seite« / Verbesserte Version (Kommentar Seite 85)

Anlagen

Zwischenzeugnis IKROM AG

Arbeitszeugnis Energie GmbH

Diplom-Urkunde

DGQ-Zertifikat DGQ-Auditor / EOQ Quality Auditor

DGQ-Zertifikat Qualitätsmanagement QM

DGQ-Schein Qualitätstechnik QII

REFA-Grundschein

Facharbeiterbrief

Simon Lehmann / Anlagenverzeichnis / Verbesserte Version (Kommentar Seite 85)

ZU DEN UNTERLAGEN VON SIMON LEHMANN

Kommentar zur Mail-Variante 1

Eine falsche und unpersönliche Anrede, ein nichtssagender Text, eine nichtssagende Bezeichnung für die Datei im Anhang. So wird der Kandidat kaum eine Antwort erhalten.

Kommentar zur Mail-Variante 2

Die sehr schön getextete Mail kommt bestens an und transportiert eine Botschaft. Ein gelungener Einstieg, keine Floskeln – das macht neugierig auf die Anlagen!

Kommentar zur Mail-Variante 3

Ein auffälliger, vielversprechender Auftakt mit wenigen Fettungen, aber eine gute Präsentation der vielfältigen Kompetenzen und Erfahrungen. Die Betreffzeile ist klar, kurz und unspektakulär. Der Abbinder ist ausführlich und bestens gelungen! Schön ist hier auch die Auflistung der beruflichen Leistungen.

Kommentar zur Mail-Variante 4

Hier haben wir eine ganz kurze, gut getextete Begleit-Mail, das reicht auch vollkommen aus! Die Anhänge wie Anschreiben und Lebenslauf finden sich dann im Anhang.

1. Version

Mit sehr schlichten grafischen Mitteln wendet sich der Bewerber im **Anschreiben** an die »sehr geehrten Damen und Herren« – ein Fehler, den Sie hinreichend kennen – und zeigt damit, dass vorab kein telefonischer Kontakt aufgenommen wurde.

Mit einem »Glaubensbekenntnis« und einem nicht überzeugend getexteten zweiten Abschnitt geht es weiter, gipfelnd in der sprachlichen Ungeschicktheit, PC-Kenntnisse »ebenfalls vorweisen« zu können. Das gesamte Anschreiben ist im Blocksatz gesetzt. Wir empfehlen eher den Flattersatz, der den Brief lebendiger wirken lässt. Auch das »PS« ist unglücklich, da keine eindeutige Botschaft erkennbar wird.

Kurzum: Der Anschreibentext ist ziemlich unzulänglich, aber wenden wir uns jetzt den weiteren Bewerbungsunterlagen zu: Das **Deckblatt** ist ordentlich, wenngleich die Formulierung »zur Vorlage« deutlich bürokratisch-veraltet wirkt.

Der **Lebenslauf** hat ein ausgeprägtes Gliederungssystem und wirkt auf der ersten Seite wegen der etwas schwerfälligen Form (»Name«, »Anschrift«, »Tel.«, »Geboren am«) unelegant und unmodern. Der Blick des Lesers wird auf das **Foto** gelenkt, das einen Menschen zeigt, der unglücklich

oder schlecht gelaunt wirkt – so entwickelt der Betrachter kein Vertrauen zum Kandidaten.

Abschnitt 2 präsentiert die beruflichen Stationen in einer chronologischen Version, was unvorteilhaft ist (an sich geschickt ist die Zusammenfassung der ersten drei Berufsstationen). Ebenso wird in Abschnitt 3 verfahren, was aber hier durchaus sinnvoll erscheint. Der 4. Abschnitt ist ein misslungener Versuch einer **Dritten Seite**, die stilistisch an das Anschreiben erinnert. Auch wenn der Bewerber Ingenieur und nicht Germanist ist, müssen an die textliche Gestaltung höhere Ansprüche gestellt werden.

Das Anlagenverzeichnis präsentieren wir Ihnen hier aus Platzgründen nicht.

Trotz ansatzweise guter Ideen ist diese erste Version nicht befriedigend.

2. Version

Ein vollkommen neues Design, ein wesentlich besserer **Anschreibentext**. Hier wurde vorab telefoniert. Die Daten zur Person sind knapp und präzise und unterscheiden sich ganz wesentlich vom ersten Anschreiben. Auch auf das PS konnte verzichtet werden.

Das überarbeitete **Deckblatt** wirkt frisch, ebenso wie die erste Seite des **Lebenslaufes** mit den persönlichen Daten. Das **Foto** spricht für sich, es wirkt sympathisch, freundlich und auch das Format überzeugt.

Grafisch ist die Präsentation schnell zu überblicken und gut lesbar. Der Lebenslauf präsentiert sich in der amerikanischen Form, vom Aktuellen zur Vergangenheit. Das ist mittlerweile für Führungskräfte fast schon Standard. Wirklich außergewöhnlich ist die rechtsbündige Ausrichtung und das besondere Layout insgesamt, das hier auf den Betrachter einwirkt. So gelingt es diesem Kandidaten, sich mit seinen Unterlagen von anderen Bewerbern deutlich zu unterscheiden. Das Layout einer Bewerbung ist aber sicher immer auch Geschmackssache.

Die **Dritte Seite**, jetzt auf einer Extraseite, ist wesentlich prägnanter getextet und erfüllt so viel besser ihren Zweck. Alle Überschriften sind gut gewählt.

Ein einfaches, aber durchaus ausreichendes **Anlagenverzeichnis** rundet die Bewerbung ab.

Einschätzung: eine deutliche Verbesserung der im Ansatz schon ordentlichen Grundidee. Die sprachliche Gestaltung bedarf immer einer besonderen Anstrengung. In der Regel lohnt sich diese aber. »Sehr gut« nach der Überarbeitung.

Lebenslauf

Ihr Lebenslauf, wir nennen ihn besser den beruflichen Werdegang, ist das wichtigste Dokument, das für oder gegen Sie spricht. Also muss die Präsentation überzeugen, die Formulierung sehr sorgfältig sein, egal ob Sie ihn per E-Mail verschicken, bereits eine Kurzversion in der Mail-Maske unterbringen (s. S. 114 f.) oder ihn für das Onlineformular vorbereiten. Rechnen Sie bei der Erstellung mit einem gewissen Zeitaufwand.

Jeder Lebenslauf sollte der jeweiligen Bewerbung »angepasst« werden, genauso wie das Bewerbungsanschreiben. Aus beiden muss hervorgehen, dass Sie genau dem Anforderungsprofil der angestrebten Stelle entsprechen. Für jede Bewerbung benötigen Sie also im Grunde einen neuen Lebenslauf.

Empfehlung: Treten Sie in Ihrem Lebenslauf mit kleinen Zusatzqualifikationen aus der Masse hervor. Vielleicht haben Sie ein berufsspezifisches Ehrenamt oder Engagement, vielleicht ein besonderes Hobby oder eine spezielle Stärke, vielleicht waren Sie im Ausland oder haben sich aktuell aus Eigeninitiative weitergebildet.

Als Faustregel gilt: Ihre Freizeitbeschäftigungen sind dann von besonderem Interesse, wenn sie mit dem Arbeitsplatz und seinen Anforderungen in irgendeiner Verbindung stehen. Beispielsweise sind Ihre aktive Sportbegeisterung und die Tatsache, dass Sie Mannschaftskapitän Ihres Handballteams sind, dann von besonderem Informationswert, wenn Sie einen Beruf wählen, in dem es auf Ihre soziale Kompetenz ankommt. Sportaktive gelten als sozial befähigt. Wenn Sie z. B. Kassenwart in einem Verein waren, zieht ein Personalchef möglicherweise Rückschlüsse auf Ihre Zuverlässigkeit, Genauigkeit und Vertrauenswürdigkeit.

Der entscheidende Gedanke bei der Gestaltung des Lebenslaufes ist: Was könnte Sie bei dem angestrebten Arbeitsplatz in den Augen des Arbeitsplatzanbieters interessant machen, aufwerten und von anderen Mitbewerbern positiv unterscheiden? Neben Kompetenz und Leistungsmotivation geht es besonders um Ihre Persönlichkeit. Dabei sagen Ihr Hobby und Ihre Interessen eine ganze Menge über Sie als Menschen aus.

FORM

Was ist für die Gestaltung Ihres Lebenslaufs das Wichtigste? Ein Lebenslauf gehorcht den Prinzipien »Kürze« und »Klarheit«. Die Informationen und Argumente, die für Ihre Person sprechen, müssen auf den ersten Blick ins Auge stechen.

Diese Kürze und Klarheit muss mittels eines geeigneten Layouts auch optisch transportiert werden. Eine bis maximal vier Seiten sollten Sie dafür veranschlagen.

Handgeschriebene Lebensläufe sind nur auf ausdrückliche Aufforderung hin einzureichen. Wir halten diese Forderung im Übrigen für überflüssig – ein handgeschriebener Lebenslauf kann nie gut aussehen und sprengt auch vom Platz her mit Sicherheit den Rahmen. Unsere Empfehlung in dieser Angelegenheit: Widersetzen Sie sich diesem Wunsch und steuern Sie lieber ein anderes handgeschriebenes Blatt bei, auf dem Sie eine zusätzliche Werbung in eigener Sache platzieren (s. S. 98).

MERKBLOCK

Bei Ihrem Lebenslauf geht es nicht um den Verlauf Ihres Lebens, sondern um Ihren beruflichen Werdegang, heute eher in der modernen Form präsentiert, vom Aktuellen in die Vergangenheit.

GLIEDERUNG

Grundsätzlich sind zwei Möglichkeiten zu unterscheiden. Am meisten verbreitet ist die chronologische Variante. Sie schreiben die Eckdaten der Zeitfolge nach auf, von der Schulbildung bis zur derzeitigen Tätigkeit. Dabei haben Sie wiederum die Auswahl, ob Sie mit Ihrer aktuellen Situation beginnen und auf der Zeitachse zurückgehen (sogenannte französische bzw. amerikanische Form) oder ob Sie die Ereignisse nacheinander erzählen bis zum heutigen Zeitpunkt (sogenannte deutsche Form), was immer weniger bevorzugt wird.

INHALT

Viele Angaben im Lebenslauf sind »Kann-Bestimmungen«. Die Angabe des Familienstandes ist beispielsweise nicht zwingend notwendig. Abzuraten ist von Selbstbeschreibungen wie »geschieden« oder »wieder verheiratet« – gegebenenfalls schreiben Sie »verheiratet« oder »unverheiratet«. Folgendes Schema ist eine Orientierung für die Gestaltung Ihres Lebenslaufs.

1. Persönliche Daten
- Vor- und Zuname
- Anschrift, Telefon
- Geburtsdatum und -ort
- Religionszugehörigkeit (nur wenn arbeitsplatzbezogen wichtig)
- Familienstand, ggf. Zahl und Alter der Kinder
- ggf. Name und Beruf des Ehepartners
- Staatsangehörigkeit (bei Ausländern oder ausländisch klingenden Namen)

2. Berufstätigkeit
- Art der Berufsausbildung
- Ausbildungsfirma/-institution (mit Ortsangabe)
- Abschluss/Berufsbezeichnungen
- Positionen, evtl. Kurzbeschreibung
- Arbeitgeber (Orte und Zeitangaben)

3. Berufliche Weiterbildung
- Alles, was mit der Berufspraxis in Zusammenhang steht.

4. Hochschulstudium
- Fach/Fächer
- Universität und Abschlüsse
- ggf. Schwerpunkte
- ggf. Thema der Examensarbeit/Promotion

5. Schulausbildung
- besuchte Schulen (Typen)
- Schulabschluss (Zeitangabe in Jahren)

6. Außerberufliche Weiterbildung
- Kurse (Vorsicht bei der Auswahl!): Fremdsprachen ja, Fallschirmspringen und Psychokurs nein

7. Besondere Kenntnisse
- Fremdsprachen, EDV, Führerschein, andere Scheine und Qualifikationen

8. Hobbys/Interessen, ehrenamtliches oder soziales Engagement, Sport, evtl. sogar Politik
- Überlegen Sie stets, welches Bild Sie dabei von sich entwerfen und ob diese Tätigkeiten zu Ihrer Bewerbung um diesen Arbeitsplatz passen.

9. Sonderinformationen
- z. B. über Auslandsaufenthalte, Praktika, oder eine zusätzliche Erklärung, warum Sie diesen Arbeitsplatz wünschen.

10. Foto
- Ein professionelles Foto z. B. oben rechts auf den Lebenslauf kleben oder besser auf eine Deckblattseite (s. S. 51). Das Foto keinesfalls klammern oder heften.
- Sie können auch sehr gute Kopien digitaler Fotos auf hochwertigem Fotopapier verwenden – oder Sie fügen das Digitalfoto direkt in die Datei des Lebenslaufs ein und drucken diesen mit einem leistungsfähigen Drucker.
- Auch wenn Sie Ihre Bewerbung per Mail verschicken (s. S. 112), achten Sie auf eine ausreichend hohe Auflösung des Fotos!

So könnte die Abfolge aussehen. Dabei ist das Foto sicherlich sehr wichtig und wird hier eigentlich zu Unrecht am Schluss aufgeführt. Unsere zahlreichen Lebenslaufbeispiele haben Ihnen aber hoffentlich schon verdeutlicht, wie groß Ihr Gestaltungsspielraum ist. Nun folgen gleich vier Lebensläufe von Simon Lehmann, den wir bereits kennengelernt haben (s. S. 69 ff.). Sie sehen noch einmal in praktischer Ausführung die wichtigsten Möglichkeiten, den Lebenslauf zu strukturieren (chronologisch, zielgerichtet, funktional, kreativ).

Simon Lehmann – Dipl.-Ing. (FH)

Steubenstr. 5
28207 Bremen
Tel.: 0421 4568909 / E-Mail: slehmann@freenet.de

geboren am: 30. August 1972
Geburtsort: Münster / Westfalen

Berufserfahrung

2010 bis heute   IKROM AG, Berlin
                   Leiter Qualitätswesen
                   · direkte Personalverantwortung für 25 Mitarbeiter
                     der Abteilung Qualitätswesen
                   · langjährige Kompetenz in den Bereichen der Qualitätsplanung,
                     -technik und -berichterstattung
                   · Erstellung und Pflege eines QM-Systems nach DIN EN ISO 9001
                   · Durchführung von internen und externen Qualitätsaudits
                   · Durchführung von betriebsinternen Qualitätsschulungen
                   · Projektmanagement im Bereich Qualitätssicherung
                   · Mitarbeit bei der Einführung von Fertigungsinseln,
                     Lean Management und anderen Restrukturierungsmaßnahmen

2004 – 2009   Energie GmbH, Werk Bremen
                   Gruppenleiter Qualitätssicherung
                   · Gruppenleitung von 20 Mitarbeitern
                   · Durchführung von Wareneingangs- und Fertigungsprüfungen
                   · Aufbau eines Qualitätssicherungssystems
                   · Konzeption von Verfahrens- und Prüfanweisungen
                   · Auswertung von statistischen Messdaten
                   · Mitarbeit beim Aufbau eines QS-Systems im Werk Spanien

Ausbildung

2012   Deutsche Gesellschaft für Qualität (DGQ), München
                   zum DGQ-Auditor / EOQ Quality Auditor
2007 – 2009   zum Qualitätsfachingenieur DGQ
2004 – 2006   zum Qualitätstechniker DGQ
1998 – 2003   Technische Fachhochschule (TFH), Hannover
                   Diplom-Ingenieur Fachrichtung Maschinenbau

Mitgliedschaften

Verein Deutscher Ingenieure (VDI) – Sektionsleiter in Berlin

Simon Lehmann / Chronologischer Lebenslauf (Kommentar Seite 92)

Simon Lehmann – Dipl.-Ing. (FH)

Steubenstr. 5
28207 Bremen
Tel.: 0421 4568909 / E-Mail: slehmann@freenet.de

geboren am: 30. August 1972
Geburtsort: Münster/Westfalen

Berufsziel: Bereichsleiter Qualitätsmanagement

Berufserfahrungen

- Führungsqualifikation
- fundierte Kenntnisse in allen Bereichen der Qualitätsplanung, -technik und -berichterstattung
- Aufbau und Pflege von QM-Systemen
- Projektmanagement im Bereich Qualitätssicherung
- Durchführung von internen und externen Qualitätsaudits
- Durchführung von betriebsinternen Qualitätsschulungen
- statistische Auswertung von Messdaten

Arbeitsergebnisse

- Gruppenleitung von 25 Mitarbeitern
- Erstellung und Pflege eines QM-Systems nach DIN EN ISO 9001
- Mitarbeit bei der Einführung von Fertigungsinseln, Lean Management und anderen Restrukturierungsmaßnahmen
- Durchführung von Wareneingangs- und Fertigungsprüfungen
- Aufbau eines Qualitätssicherungssystems
- Konzeption von Verfahrens- und Prüfanweisungen
- Mitarbeit beim Aufbau eines QS-Systems

Berufsstationen

2010 bis heute	IKROM AG, Berlin
	Leiter Qualitätswesen
2004–2009	Energie GmbH, Werk Bremen
	Gruppenleiter Qualitätssicherung

Ausbildung

2012	Deutsche Gesellschaft für Qualität (DGQ), München
	zum DGQ-Auditor/EOQ Quality Auditor
2007–2009	zum Qualitätsfachingenieur DGQ
2004–2006	zum Qualitätstechniker DGQ
1998–2003	Technische Fachhochschule (TFH), Hannover
	Diplom-Ingenieur Fachrichtung Maschinenbau

Mitgliedschaften

Verein Deutscher Ingenieure (VDI) – Sektionsleiter in Berlin

Simon Lehmann / Zielgerichteter Lebenslauf (Kommentar Seite 92)

Simon Lehmann – Dipl.-Ing. (FH)

Steubenstr. 5
28207 Bremen
Tel.: 0421 4568909 / E-Mail: slehmann@freenet.de

geboren am: 30. August 1972
Geburtsort: Münster / Westfalen

Abteilungsleiter Qualitätswesen

- direkte Personalverantwortung für 25 Mitarbeiter
  der Abteilung Qualitätswesen
- langjährige Kompetenz in den Bereichen der Qualitätsplanung,
  -technik und -berichterstattung
- Erstellung und Pflege eines QM-Systems nach DIN EN ISO 9001
- Durchführung von internen und externen Qualitätsaudits
- Durchführung von betriebsinternen Qualitätsschulungen
- Projektmanagement im Bereich Qualitätssicherung
- Mitarbeit bei der Einführung von Fertigungsinseln,
  Lean Management und anderen Restrukturierungsmaßnahmen

Gruppenleiter Qualitätssicherung

- Gruppenleitung von 20 Mitarbeitern
- Durchführung von Wareneingangs- und Fertigungsprüfungen
- Aufbau eines Qualitätssicherungssystems
- Konzeption von Verfahrens- und Prüfanweisungen
- Auswertung von statistischen Messdaten
- Mitarbeit beim Aufbau eines QS-Systems im Werk Spanien

Betriebsschlosser

- fundierte Fachkenntnisse durch 7-jährige Berufspraxis
- Reparatur und Wartung von Werkzeugmaschinen für die Stanzindustrie

Berufsstationen

2010 bis heute	IKROM AG, Bremen – Leiter Qualitätswesen
2004 – 2009	Energie GmbH, Werk Bremen – Gruppenleiter Qualitätssicherung
1991 – 1998	3 verschiedene Firmen der Metallindustrie, Hannover und Berlin

Mitgliedschaften

Verein Deutscher Ingenieure (VDI) – Sektionsleiter in Berlin

Ausbildung

2012	Deutsche Gesellschaft für Qualität (DGQ), München
	zum DGQ-Auditor / EOQ Quality Auditor
2007 – 2009	zum Qualitätsfachingenieur DGQ
1998 – 2003	Technische Fachhochschule (TFH), Hannover
	Diplom-Ingenieur Fachrichtung Maschinenbau

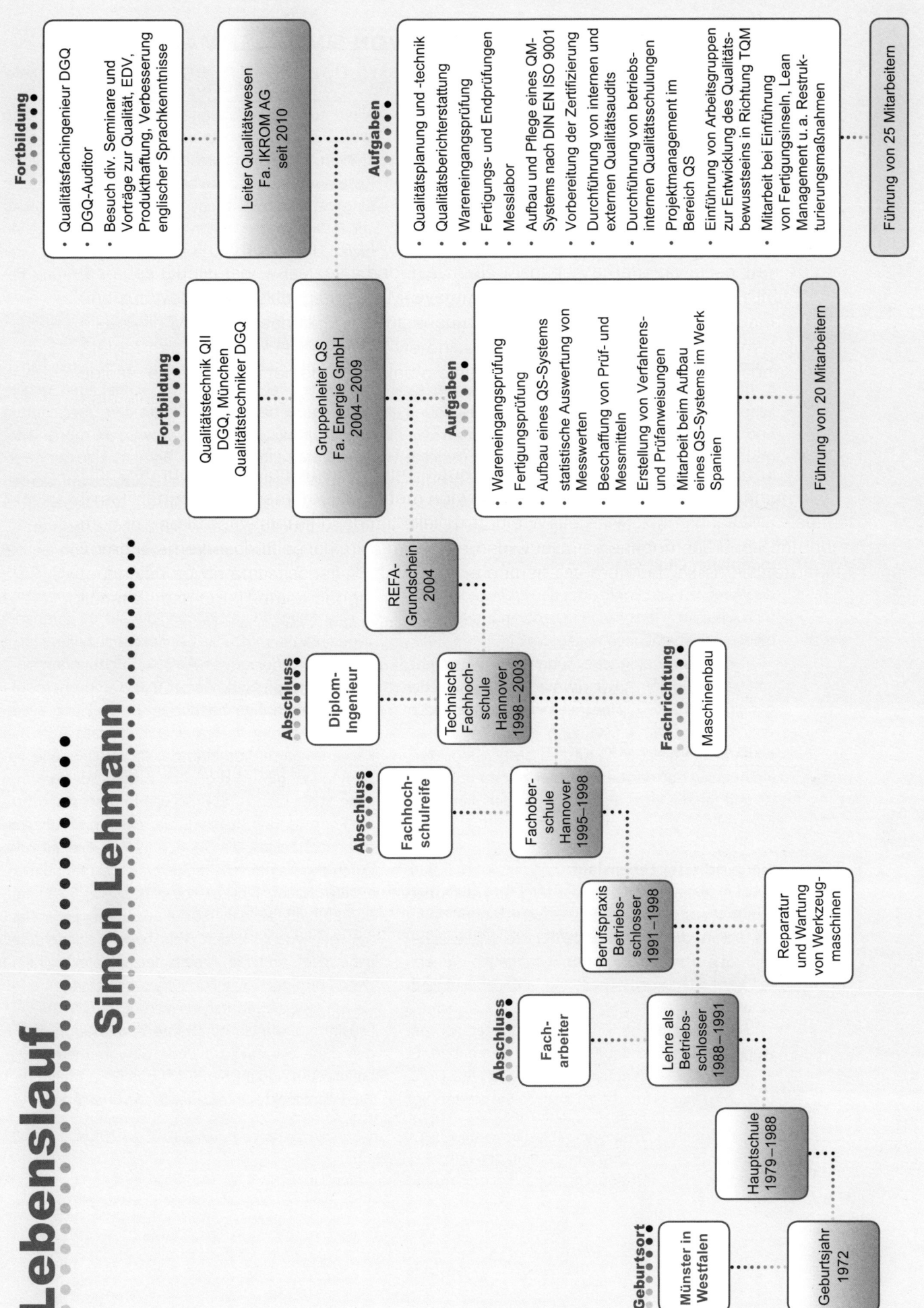

Lebenslauf

Simon Lehmann

Fortbildung
- Qualitätsfachingenieur DGQ
- DGQ-Auditor
- Besuch div. Seminare und Vorträge zur Qualität, EDV, Produkthaftung, Verbesserung englischer Sprachkenntnisse

Leiter Qualitätswesen
Fa. IKROM AG
seit 2010

Aufgaben
- Qualitätsplanung und -technik
- Qualitätsberichterstattung
- Wareneingangsprüfung
- Fertigungs- und Endprüfungen
- Messlabor
- Aufbau und Pflege eines QM-Systems nach DIN EN ISO 9001
- Vorbereitung der Zertifizierung
- Durchführung von internen und externen Qualitätsaudits
- Durchführung von betriebsinternen Qualitätsschulungen
- Projektmanagement im Bereich QS
- Einführung von Arbeitsgruppen zur Entwicklung des Qualitätsbewusstseins in Richtung TQM
- Mitarbeit bei Einführung von Fertigungsinseln, Lean Management u. a. Restrukturierungsmaßnahmen

Führung von 25 Mitarbeitern

Fortbildung

Qualitätstechnik QII
DGQ, München
Qualitätstechniker DGQ

Gruppenleiter QS
Fa. Energie GmbH
2004–2009

Aufgaben
- Wareneingangsprüfung
- Fertigungsprüfung
- Aufbau eines QS-Systems
- statistische Auswertung von Messwerten
- Beschaffung von Prüf- und Messmitteln
- Erstellung von Verfahrens- und Prüfanweisungen
- Mitarbeit beim Aufbau eines QS-Systems im Werk Spanien

Führung von 20 Mitarbeitern

REFA-Grundschein
2004

Abschluss

Diplom-Ingenieur

Technische Fachhochschule Hannover 1998–2003

Fachrichtung

Maschinenbau

Abschluss

Fachhochschulreife

Fachoberschule Hannover 1995–1998

Berufspraxis Betriebsschlosser 1991–1998

Reparatur und Wartung von Werkzeugmaschinen

Abschluss

Fach-arbeiter

Lehre als Betriebsschlosser 1988–1991

Hauptschule 1979–1988

Geburtsort

Münster in Westfalen

Geburtsjahr 1972

Simon Lehmann / Kreative Lebenslaufdarstellung (Kommentar Seite 92)

ZU DEN LEBENSLAUF-VARIANTEN VON SIMON LEHMANN

Hier haben wir Ihnen zusätzlich vier separate Lebensläufe zu diesem Bewerber vorgestellt, die jeweils in einer sehr kurzen und knappen Form auf nur einer Seite das Wesentliche präsentieren. Mit diesen neuen Beispielen möchten wir Ihnen demonstrieren, dass Ihrer Kreativität bei der Gestaltung Ihres Lebenslaufes fast keine Grenzen gesetzt sind. Die Form kann je nach Funktion ganz unterschiedlich aussehen und jeweils einem besonderen Zweck dienen.

Chronologischer Lebenslauf

In der ersten Variante werden nach den persönlichen Daten die Berufserfahrung, Ausbildung und Mitgliedschaften in komprimierter Form dargestellt. Es wird beim beruflichen Werdegang bewusst »Berufserfahrung« als Überschrift gewählt und das letzte Arbeitsverhältnis als Erstes aufgeführt. Beachten Sie auch, dass dieser Stellung der meiste Platz eingeräumt wird. Die Berufspositionen und Firmen werden hervorgehoben und die Aufgaben und Erfolge des Bewerbers genau beschrieben. Aus Platzgründen werden nur die letzten beiden Arbeitsstationen angegeben.

Dieser chronologische Lebenslauf entspricht, von geringfügigen Abweichungen abgesehen, der gängigsten Form, mit der die Arbeitsplatzanbieter vertraut sind. Die Anwendung ist zu empfehlen, wenn Sie im gleichen Berufsfeld bleiben möchten, Ihr Aufstieg auf der Karriereleiter gut zu erkennen ist und Sie die letzte Position besonders hervorheben wollen.

Zielgerichteter Lebenslauf

Bei der zweiten Variante fällt als Erstes die Überschrift »Berufsziel« ins Auge. Es werden ohne Daten die Berufserfahrungen und Arbeitsergebnisse betont. Erst danach folgen mit Zeitangaben die letzten Berufsstationen, Ausbildung und ggf. Mitgliedschaften.

Dieser zielgerichtete Lebenslauf bietet sich an, wenn Sie ein klares Berufsziel vor Augen haben. Es ist allerdings unabdingbar, das gewünschte Berufsfeld sorgfältig erforscht zu haben. Sie sollten vor allem zukunftsbezogene Fähigkeiten präsentieren und diese durch Ergebnisse und Leistungen unterstützen. Bei dieser Form können Sie auch Kenntnisse aufführen, die Sie bisher beruflich noch nicht eingesetzt haben. Nicht zu empfehlen ist dieser Lebenslauf jedoch, wenn Sie sich Ihrer Fähigkeiten nicht ganz sicher sind oder erst am Anfang Ihrer Karriere stehen und deshalb kaum Erfahrung besitzen.

Funktionaler Lebenslauf

Ohne Zeitangaben werden die wichtigsten Fähigkeiten des Bewerbers nach Sachgebieten gegliedert beschrieben, das heißt mit den Überschriften »Abteilungsleiter Qualitätswesen«, »Gruppenleiter Qualitätssicherung« und »Betriebsschlosser« versehen. Wie beim zielgerichteten Lebenslauf werden erst danach die Berufsstationen, Mitgliedschaften und Ausbildung mit zeitlichen Daten aufgelistet.

Bei dem funktionalen Lebenslauf können Sie also Ihre Schwerpunkte und Stärken – nach Sachgebieten gegliedert – sehr gut unterstreichen und in eine Reihenfolge bringen, die auf Ihr Berufsziel zugeschnitten ist. Da Sie bei dieser Darstellung nicht an eine chronologische Auflistung gebunden sind, ist sie zu empfehlen, wenn Lücken und unproduktive Phasen in Ihrer beruflichen Entwicklung bestehen. Sie können sie ferner wählen, falls Sie einen Karrierewechsel vorhaben, viele verschiedene zusammenhanglose Tätigkeiten hatten oder gar Ihre erste Stelle suchen. Ebenso wie in der zielgerichteten Form können Sie hier Erfahrungen und Fähigkeiten hervorheben, die Sie sich in Ihrer Freizeit oder durch ehrenamtliche Tätigkeiten angeeignet haben.

Der Nachteil dieser Version ist der Aufwand, denn für jede einzelne Stelle muss dieser Lebenslauf neu gegliedert werden. Wie beim zielgerichteten Lebenslauf sind die Arbeitsplatzanbieter nicht an diese Form der Darstellung gewöhnt. Daher könnte sie bei ihnen zunächst Verwirrung hervorrufen. Es liegt also an Ihnen, durch Ihre Bewerbungsunterlagen diese eventuell fehlende Gewöhntheit auszubalancieren, indem Sie durch das Gesamtbild Ihres Werbeprospektes in eigener Sache überzeugen.

Kreativer Lebenslauf

Die letzte Version stellt eine besonders innovative Lebenslaufform dar. Wie wirkt diese Form auf Sie? Mit diesem Schaubild sind die einzelnen beruflichen Stationen grafisch klar und übersichtlich dargestellt. Bei den letzten beiden beruflichen Positionen sind auch die wichtigsten Aufgaben aufgelistet. Insgesamt kommt der berufliche Aufstieg sehr gut zur Geltung. Eine wirklich überzeugende, gelungene Präsentation!

Das Verfassen solch eines kreativen Lebenslaufes sollte allerdings gut überlegt sein. In sehr konservativen Bereichen (z. B. öffentlicher Dienst, Banken etc.) ist diese Form sicherlich nicht angebracht. Sie wählen diese Darstellung besser auch nur dann, wenn Sie wirklich in der Lage sind, etwas Überraschendes und Kreatives zu produzieren. Anwendungsmöglichkeiten bieten z. B. die Berufsbereiche: Schauspieler, Werbetexter, Produktmanager oder Reporter. Ein Werbetexter könnte eine gut geschriebene Anzeige über sich selbst verfassen, ein Produktmanager sich selbst als »Produkt« darstellen. Je moderner das gewünschte Unternehmen ist, in dem Sie sich vorstellen möchten, desto unkonventioneller kann Ihre Präsentation ausfallen. Bleibt hier nur noch die Frage, wo das Foto platziert wird. Vorschlag: im Anschreiben.

Grundsätzlich zur Platzierung des Fotos:

Wenn man sich nicht für ein kleines Foto oben rechts unterhalb der Briefkopf-Absender-Gestaltung entscheiden will, bietet sich noch ein Deckblatt an, das neben dem Foto auch die persönlichen Daten des Bewerbers enthält, oder man platziert das Foto auf dem Anschreiben im oberen Bereich.

MERKBLOCK

Beschreiben Sie die letzten zwei, drei Arbeitsplätze und Aufgaben deutlich ausführlicher als die, die viele Jahre zurückliegen. Dabei geht es immer auch darum, was Sie geleistet haben!

Profil

Profil

Ihrem Profil kommt eine ähnlich wichtige Bedeutung zu wie Ihrem Lebenslauf. Es hat die spezielle Funktion, Ihr besonderes Nutzenangebot, Ihren USP (Unique Selling Proposition, Ihr Alleinstellungsmerkmal, das, was Sie positiv von anderen Bewerbern unterscheidet), kurz und knapp zu vermitteln sowie Ihre Problemlösungsfähigkeit dem Empfänger und Leser überzeugend vor Augen zu führen. Das vermittelt Ihr Lebenslauf auch, aber in deutlich anderer Form. Bei beiden geht es um den Nachweis Ihrer speziellen Kompetenz, hohen Leistungsmotivation und besonderen Persönlichkeit (KLP).

Ihr Profil soll vor allem in ganz kurzer Form Auskunft darüber geben, was Sie aktuell leisten können (und auch diesbezüglich schon geleistet haben), um einen Personalentscheider sicherer abschätzen zu lassen, ob er Ihnen die neue Aufgabe zutrauen kann. Ein gutes (papierenes oder auch digitales) Profil, das Sie auch ohne weitere Anlagen, nur mit einem kurzen Anschreiben, verschicken können, kann Ihnen wesentlich dabei helfen, im Bewerbungsprozess weiterzukommen.

Inhalt

Ihr Profil bildet die wichtigsten »Marker« ab, die erkennen lassen, dass Sie für die zu besetzende Position, die anstehenden Probleme, Aufgaben etc. die richtige, bestgeeignete Person sind. Ihr Profil sollte also sehr genau auf die Position oder für die Art der Problemlösungen, für die Sie sich bewerben, ausgerichtet sein.

Umfang

Alles, was Sie für diese Aufgaben besonders qualifiziert und interessant macht, muss zu Papier gebracht werden. Alles andere lassen Sie weg. Auch an dieser Auswahl erkennt man, mit wem man es zu tun hat! Ihr Profil sollte deshalb nicht länger als eine, maximal bis zu zwei Seiten sein!

Form

Für Ihr Profil (genau dies ist auch die Überschrift: Profil) gelten die gleichen Layoutregeln (Stichwort Ästhetik) wie für den Lebenslauf. Unter der Überschrift »Profil« folgt ein zweispaltiger Aufbau, dessen Abteilungen durch linksseitige Überschriften geprägt sind und deren inhaltliche Ausführung rechts daneben steht.

Übrigens

Es ist nicht üblich, das Profil zu unterschreiben! Die folgenden Punkte sind eine Anregung, es gibt keine feststehenden Regeln, nach denen sich Ihr Profil aufbaut.

Ausgewählte Themen-, Überschriftenvorschläge, die Ihr (Angebots-)Profil abbilden

- Vor- und Zuname, Geburtsdatum/Ort
- Berufsbezeichnung
- Kontaktdaten (nur die wichtigsten)
- Ausbildungshintergrund
- Schwerpunktkenntnisse und Erfahrungen (das ist sehr wichtig!)
- durchgeführte Projekte und erzielte Erfolge
- ggf. berufliche Auslandsaufenthalte
- Weiterbildung und Seminare
- ggf. Mitgliedschaften in Verbänden und Fachgremien
- Engagement, Interessen
- Sprachkenntnisse
- EDV-Kenntnisse
- Führerscheine/Lizenzen
- ggf. Veröffentlichungen, Vorträge
- ggf. Lehr- und/oder Prüfungs- und/oder Gutachtertätigkeit
- Interessen, Engagement, Hobbys

BERUFSPROFIL

Tim Edwards, Junior Test Engineer
Am Park 1, 97070 Würzburg, Tel.: 0171 2931452
tim.edwards@aol.com
www.linkedin.com/in/tim_edwards
geboren in Chicago (USA) am 21. Februar 1977
bilingual aufgewachsen in den USA und Europa,
ungebunden, mobil

Qualifikation	▸ Master of Science (Wirtschaftsinformatik), Fachhochschule Ulm ▸ Doppel-Bachelor (Wirtschaftsinformatik und Technisches Englisch), Technische Universität Chicago, USA ▸ ISTQB Certified Tester – Foundation Level ▸ Certified Agile Tester
Erfahrungshintergrund	Junior Testingenieur mit 5 Jahren Erfahrung bei Tests und Optimierungen von SW Applikationen, 1 Jahr davon Abnahmetests einer komplexen Logistik-Applikation. Ich habe mich sehr schnell in die Tests eines Medizinproduktes eingearbeitet und teste seit sechs Monaten verschiedene Versionen der Partikel Therapie KTS Applikation basierend auf der Plattform Synyo.
Kompetenzschwerpunkt	Test-Spezifikation und -Durchführung des ‚XT Medical Therapy Suite' (KTS), ein Synyo basiertes medizinisches System für die Behandlung mit Partikel Therapie. Dokumentation und Analyse der Testergebnisse sowie Überwachung des Fehlerreports und die dazugehörigen Regressionstests. Erstellung, Gestaltung und Produktion von Testdaten für den MTS Test (CIT, CAT, SIT) nach Medizinproduktvorgaben in verschiedenen SW Versionen. Produktbetreuung des IndienTransport Management Systems (ITM). ITM unterstützt die Logistikprozesse für die Lieferung von komplexen Telekommunikationssystemen. Einführung, Tests und Optimierung der Logistikprozesse.
Besondere Kenntnisse	**Fachliche und methodische Schwerpunkte** ▸ Prozessoptimierung in der Logistik ▸ Klinische Workflow Partikel Therapie. DICOM Protocol ▸ Bedienung des XT Treatment Planungssystems (synyo based) ▸ Dokumentation nach Medizinproduktgesetz (CALIBER, CHARM NT; SAP) ▸ Logistik der Testdatensätze für CIT, CAT und SIT ▸ Mitarbeit im SCRUM MTS Entwicklungsteam als Test Designer ▸ Testmanagement Werkzeuge (iTestbench, TMT) ▸ Java, C#, ABAP, SQL, LaTeX, MS Office **Sprachen** Englisch und Deutsch (beide muttersprachlich) Würzburg, 14.04.2015

Foto

»Bild schlägt Text« ist eine Journalistenregel, die deutlich die Wirkungskraft von Bildern unterstreicht. Bei Ihrem Bewerbungsfoto ist das genauso. Der Personalchef wird als Erstes das Foto unter die Lupe nehmen und sich in Sekundenschnelle ein Urteil bilden: Was für einen Eindruck macht dieser Mensch, wirkt er sympathisch oder unsympathisch? Mürrisch oder freundlich? Zugewandt oder verschlossen? Und mit diesem Bild im Hinterkopf (und der schnellen Meinung, die er sich gemacht hat) beginnt der Chef, Ihre Bewerbung durchzulesen, egal ob Sie sich für die digitale oder klassische Form entschieden haben.

Es geht um den ersten Eindruck. Wenn Sie mit Ihrem Foto schon zu Beginn des Auswahlverfahrens Sympathie hervorrufen, haben Sie ganz einfach die besseren Chancen. Besonders dann, wenn die Qualifikationsnachweise doch nicht perfekt sind.

Das heißt: Benutzen Sie keinen Fotoautomaten, sondern gehen Sie zum Fotografen. Abgesehen von den automatenüblichen Fehlbelichtungen und verzerrten Farbgebungen wird sich ein solches Billigverfahren auch negativ auf die Beurteilung Ihrer Persönlichkeit auswirken. Man könnte Sie für geizig halten, Ihr Selbstwertgefühl für wenig ausgeprägt, Ihre Motivation für die Bewerbung als zu gering. Ein Personalberater: »Aus der Qualität des Fotos ergibt sich ein Hinweis auf die Zielstrebigkeit des Bewerbers.«

Übrigens: Exzellente Kopien, besser eingescannte oder (noch besser) digitale Fotos sind heute voll akzeptiert.

Auch beim Format ist Vorsicht angebracht. Ein winziges Foto legt die Deutung nahe, dass Sie sich nicht wichtig genug nehmen. Umgekehrt spricht ein Postkartenporträt Bände über Ihre Eitelkeit. Wir zeigen Ihnen hier interessantere Formate und auch attraktivere Bildausschnitte. Der Kopf darf angeschnitten sein und wirkt so viel dynamischer und spannender.

Wir empfehlen ein Schwarz-Weiß-Foto. Das wirkt sowohl zurückhaltender als auch interessanter. Es lässt dem Betrachter mehr Interpretationsmöglichkeiten bei der Beurteilung Ihres Gesichts. Falls Sie dennoch ein Farbfoto vorziehen, wählen Sie dezente Kleidung und – für die Damen – sparsames Make-up.

Apropos Kleidung: Von einem offenen Hemdkragen ist ebenso abzuraten wie von einem tiefen Dekolletee. Wählen Sie die Kleidung, die dem von Ihnen angestrebten Berufsstand angemessen ist. Die Haare sollten gepflegt sein und auf keinen Fall die Augen verdecken – Sie haben doch nichts zu verbergen. Männer sollten sich vor dem Fototermin rasieren. Ansonsten gilt: Lächeln Sie, was das Zeug hält, machen Sie ein freundliches Gesicht.

PRAXISBEISPIEL

Es lohnt sich ...

Auf Empfehlung eines Freundes hatte ich einen Fototermin bei einem mir bis dahin unbekannten Fotografen gemacht. Bereits ein Vierteljahr davor war ich bei einem durchaus stadtbekannten Fotostudio gewesen, das Ergebnis gefiel mir jedoch nicht sonderlich gut. Und lediglich eine Einladung auf zehn versandte Bewerbungen zu bekommen, erklärte ich mir zum Teil auch mit dem unglücklichen Foto, an dem ich mir allerdings eine gewisse Mitschuld gab. Ich bin eben kein Model!
Was bei meinem zweiten Versuch ganz anders war und mich ziemlich beeindruckte: Der Fotograf nahm sich echt Zeit, sprach mit mir erst einmal eine halbe Stunde darüber, was ich vorhätte, welchen Beruf und welche Verantwortung ich anstreben würde, bevor das »Knipsen« losging. Mein Problem: Ich halte mich für äußerst unfotogen. Sein guter Zuspruch und auch die Zeit, in der wir uns unterhielten, ließen mich meine Selbstzweifel nahezu vergessen. Und siehe da, unter den über 80 Fotos fanden wir gemeinsam einige ganz passable.

Wir raten Ihnen, mehrere Fotos anfertigen zu lassen, diese dann (wohlmeinenden) Freunden zur Beurteilung vorzulegen und gemeinsam das beste auszuwählen.

Wo Sie das Bild platzieren, bleibt Ihnen überlassen: entweder auf dem Umschlag bzw. Deckblatt Ihrer Bewerbungsunterlagen, auf der ersten oder zweiten Seite, je nachdem, wie Sie Ihren beruflichen Werdegang bzw. Lebenslauf präsentieren (s. Beispiele auf S. 51 ff.).

Vielleicht das Wichtigste an Ihren Bewerbungsunterlagen ist das Foto. Wenn Sie damit punkten, das heißt Sympathie für sich mobilisieren, wird man Ihnen Vertrauen schenken.

Sympathie – Vertrauen – Zutrauen ist die wirklich entscheidende Weichen stellende Trias.

Investieren Sie also Zeit und Geld in Ihr Foto. Bitte verwenden Sie keins aus dem Automaten und lassen Sie sich schon gar nicht an einem schlechten oder hektischen Tag fotografieren. Ein sympathisches Foto ist ein wichtiger Türöffner!

Gelungene Bewerbungsfotos

Foto 1

Foto 2

Foto 3

Foto 4

Foto 5

Foto 6

Foto 1: Ein sehr außergewöhnliches Format, ein heller, fast weißer Hintergrund und ein leicht angeschnittener Kopf lösen sofort Interesse aus, machen dieses Bild zum Hingucker und transportieren viel Sympathie.

Foto 2: Eher der Klassiker, aber wegen der Helligkeit allein auf dem Gesicht – verstärkt durch das weiße Hemd – schon sehr auffällig.

Foto 3: Und hier haben wir ein besonderes, quadratisches Format mit angeschnittenem Kopf wie bei fast allen anderen Fotos. Mit dem Hintergrund und der Zeitschrift als Requisite sehr außergewöhnlich!

Foto 4: Ganz starke Zentrierung auf das Gesicht, klassisches Format, aber starker Anschnitt machen das Foto sehr wirkungsvoll, weil man sich auch direkt angeschaut fühlt!

Foto 5: Quadratisch mit deutlicher Konzentration auf dem Gesicht, gut ausgefüllt mit leichtem Anschnitt. Das Foto wirkt!

Foto 6: Interessantes Format, gut ausgefüllt, leicht angeschnitten, ein deutlicher Hingucker. Darauf verweilt das Auge länger ...

Dritte Seite

WAS EINE DRITTE SEITE IST

Personalentscheider stehen oft unter Zeitdruck. So kann es Ihnen leicht passieren, dass die im Bewerbungsanschreiben vorgetragenen Informationen und »Verkaufsargumente« wegen der Vielzahl der eingehenden Bewerbungsunterlagen gar keine oder viel zu wenig Beachtung finden.

Häufig wird der Text des Anschreibens – wenn überhaupt – flüchtig überflogen (30 Sekunden bis maximal 1,5 Minuten). Der Leser wendet sich dann in der Regel schnell den Bewerbungsunterlagen, insbesondere dem Foto des Bewerbers, der beruflichen Ausgangssituation, seinen Interessen, Hobbys oder sonstigen Kenntnissen, den formalen Ausbildungs- und Arbeitsdaten zu. Erst wenn dies geschehen und ein positives Zwischenresultat im Kopf des Lesers abgespeichert ist, finden die weiteren Anlagen – meist Arbeits- und Ausbildungszeugnisse – Beachtung.

Was also tun? Fügen Sie doch die sogenannte Dritte Seite bei.

Beim Blättern in Ihren Unterlagen stößt der Personalchef auf die für ihn unerwartete Seite mit beispielsweise der Überschrift:

- *Was mir wichtig ist*
  oder:
- *Was Sie noch wissen sollten*

Wer könnte da widerstehen? Dieser Text wird bestimmt – trotz allen Zeitdrucks – sehr aufmerksam gelesen und zur Kenntnis genommen. Wem es an dieser Stelle gelingt, in wenigen kurzen Sätzen das richtige Bild zu vermitteln, kann – wenn die anderen Eckdaten stimmen – mit einer Einladung zum Vorstellungsgespräch rechnen.

Diese Dritte Seite könnte Sie positiv von der Menge der eingesandten Bewerbungsunterlagen unterscheiden, wenn sie wirklich gut getextet ist. Eine fantastische Chance für Sie als Bewerber, als »Drehbuchautor« und »Regisseur« Ihrer »Verkaufs-« (d. h. Bewerbungs-)Unterlagen.

Diese zusätzliche, sich an den Lebenslauf, beruflichen Werdegang etc. anschließende Seite hat vielen von uns beratenen Bewerbern eine Einladung zum Vorstellungsgespräch eingebracht.

Etwas bekannter und bereits Bewerbungsstandard ist an dieser Stelle vielleicht eine Extraseite mit der Auflistung von Publikationen (so Sie welche zu verzeichnen haben, ggf. Master- oder Diplomarbeit o. Ä., Kurzzusammenfassung, Ergebnisse), der Skizzierung von besuchten Fortbildungsveranstaltungen, besonderen Arbeitsschwerpunkten oder Projekten, die für Sie als den richtigen Kandidaten sprechen.

Bisweilen wird immer noch eine Handschriftenprobe abverlangt, und manche Kandidaten schreiben dann offensichtlich in Ermangelung einer kreativen Idee skurrile Texte aus der Zeitung ab, was auch eine Art Dritte Seite darstellt.

Unsere Dritte Seite kann zusätzlich oder alternativ verwendet werden und transportiert richtig konzipiert die entscheidenden Argumente, warum

Meine Schokoladenseite

Persönlich finde ich die Einführung einer sogenannten Dritten Seite in die Bewerbungsunterlagen sehr sinnvoll. Ich kann mir aber auch vorstellen, dass nicht alle Bewerbertexte wirklich gut sind und manch einer sich mit seinen stümperhaften Aussagen eher schadet als nutzt. Im Bekanntenkreis habe ich die unterschiedlichsten Einschätzungen gehört. Viele kannten diese Möglichkeit überhaupt nicht. So entschied ich mich, es nur bei jeder zweiten Bewerbung mit einer Dritten Seite zu versuchen.

Sie als Bewerber unbedingt in die engere Auswahl gehören, also zum Vorstellungsgespräch eingeladen werden und den vakanten Arbeitsplatz einnehmen sollten.

Ob handschriftlich mit blauer Tinte oder wie die anderen Seiten per Laser- oder Tintenstrahldrucker erstellt – mit dem richtigen Konzept, einer guten Formulierung und der trotz allem notwendigen

Kürze erreichen Sie die optimale Aufmerksamkeit des auswählenden Lesers.

Aber nochmals: Eine Dritte Seite ist kein Muss. Und schlecht oder langweilig getextet spricht sie möglicherweise eher gegen als für Sie. Also Vorsicht! Überlegen Sie sich sehr gut, was Sie hier von sich vermitteln wollen. Im Zweifel lieber darauf verzichten, statt sich lächerlich zu machen!

GESTALTUNGSDETAILS

Ob Sie Ihre Bewerbung auf Papier oder digital verschicken – es empfiehlt sich, diese Seite genauso zu gestalten wie die vorhergehenden Seiten.

Überschrift

Die Überschrift hat die Funktion, zu überraschen, Interesse und Neugierde zu wecken und inhaltlich kurz auszusagen, worum es geht. Hier einige weitere Beispiele:

- *Zu meiner Bewerbung*
- *Meine Motivation*
- *Warum ich mich bewerbe*
- *Zu meiner Person*
- *Was Sie noch wissen sollten*
- *Ich über mich*
- *Was mich qualifiziert*
- *Warum ich?*

Der Kreativität sind fast keine Grenzen gesetzt. Überschrift und Text sollten aber passen! Eventuell schreiben Sie die Headline mit der Hand. Am besten bringen Sie erst einmal die zu vermittelnde Botschaft zu Papier und formulieren dann die geeignete Titelzeile.

Aufbau

Was sind die Argumente und Aussagen, was ist Ihre Botschaft, die bei dem auswählenden Leser Ihr Ziel erreicht, also eine Einladung zum persönlichen Gespräch bewirkt?

Da Sie etwa 7 bis maximal 15 Zeilen zur Verfügung haben, ist hier der entscheidende Platz, Ihre Person entsprechend vorzustellen.

(Bitte nicht mehr als etwa 60 Anschläge pro Zeile, übliche Schriftgröße, bloß nicht zu klein, fürs Auge zu beschwerlich, grafisch unappetitlich.)

Inhalt

Thematisch kommen Aussagen zu Ihrer Person, Motivation und Kompetenz infrage. Versuchen Sie aber bloß nicht, zu viele Informationen auf diese eine Seite zu pressen, das würde eher einen nachteiligen Eindruck erzeugen.

Inhaltlich darf die von Ihnen gewählte Botschaft in Zusammenhang stehen mit Aussagen im Anschreiben, mit Lebenslauf- und Arbeitsplatzstationen und darüber hinaus noch etwas persönlicher, pointierter formuliert sein.

Bloße Aufzählungen wie »Ich bin der Größte, Schnellste, Schönste« etc. überzeugen wenig, bewirken eher das Gegenteil. Nicht die pure Aneinanderreihung ist ausschlaggebend, sondern die für den Leser nachvollziehbare – weil auch im Lebenslauf erkennbare – Argumentation.

Abschluss

Ob Sie zum Abschluss mit königsblauer Tinte unterschreiben oder nicht (Ort, Datum), steht Ihnen frei. Wir jedenfalls empfehlen es.

Sehen Sie sich noch einmal die Beispiele für Dritte Seiten auf S. 30, 38, 58 und 83 an.

Auf der beigefügten CD-ROM und unter *www.berufsstrategie-plus.de* haben wir weitere Beispiele für Sie vorbereitet.

Anlagen

Das Wort »Anlagen« suggeriert, es könnte sich um eine Art nebensächliches Anhängsel handeln. Doch Vorsicht! Unterschätzen Sie die Bedeutung dieser (auch digitalen) Papiere nicht.

Arbeitszeugnisse

Ziemlich wichtig: Wissen Sie, was wirklich in Ihren Arbeitszeugnissen über Sie ausgesagt wird? In Zeugnissen findet eine Art »Geheimsprache« Verwendung. Um sicher zu sein, informieren Sie sich. Holen Sie Expertenrat ein.

Diplom-, Master-, Bachelor-, Ausbildungs-, Fortbildungs- und Arbeitszeugnisse

Legen Sie solche Zeugnisse bitte nur bei, wenn diese nicht älter als zehn, fünfzehn Jahre sind. Generell gilt: immer den höchsten Ausbildungsabschluss in die Anlage, das heißt bei Studium kein Abiturzeugnis, bei Abitur keins der mittleren Reife etc.

Zertifikate

Zertifikate von privaten Einrichtungen oder Kursen, die eher den privaten Bereich betreffen, sind nur dann sinnvoll, wenn sie mit der Bewerbung in unmittelbarem Zusammenhang stehen. Zertifikate über Volkshochschulkurse können Sie beifügen, wenn sie speziell Ihrer beruflichen Weiterbildung gedient haben.

Handschriftenprobe

Falls eine von Ihnen verlangt wird: Widersetzen Sie sich der Bitte um einen handgeschriebenen Lebenslauf. Sie kommen in Platznöte, und schön sieht eine solche Präsentation (meistens jedenfalls) auch nicht aus. Nutzen Sie vielmehr die Gelegenheit, handschriftlich auf einer Extraseite (nach dem Lebenslauf) mit einigen gut platzierten Sätzen auf sich aufmerksam zu machen; umreißen Sie die Motivation Ihrer Bewerbung und weisen Sie nochmals auf Ihre Qualitäten hin. Schreiben Sie bloß nichts aus der Zeitung ab. Entwerfen Sie ein paar Sätze als Eigenwerbung.

Referenzen

Wollen und können Sie jemanden benennen, der für Sie als Fürsprecher auftritt? Nahe Verwandte sind nicht akzeptabel. Ihr zukünftiger Chef wünscht sich einen Profi, der längere Zeit mit Ihnen zusammengearbeitet hat. Es kann sich deshalb nur um Vorgesetzte handeln, in Ausnahmefällen um Personen mit öffentlicher Autorität (z. B. Bürgermeister).

Sprechen Sie potenzielle Referenzgeber an, klären Sie ab, was Sie über sich berichtet haben wollen (egal ob mündlich oder schriftlich). Falls Sie niemanden finden, nicht schlimm, denn die Bewertung von Referenzen ist keineswegs eindeutig. Personalchefs, die über einen Bewerber etwas herausfinden möchten, bevorzugen oft ihre eigenen Informationswege. Sie verdächtigen den Bewerber und seine Referenzpersonen der Subjektivität.

Wenn Sie wissen wollen, was Ihr ehemaliger Arbeitgeber von Ihnen hält, gibt es einen Trick. Bitten Sie eine Person Ihres Vertrauens, bei Ihrem letzten Chef anzurufen, und lassen Sie diese – getarnt als potenzieller neuer Arbeitgeber – eine Einschätzung Ihrer Person einholen.

Ein ehemaliger Arbeitgeber darf (laut Gesetz) nichts Nachteiliges über ausgeschiedene Mitarbeiter aussagen. Er muss sogar, falls er durch seine negativen Auskünfte eine Beschäftigung des Bewerbers bei einer anderen Firma verhindert, für den Schaden (Verdienstausfall etc.) aufkommen. So ist es zumindest in der Theorie. In der Praxis wird das allerdings nur sehr schwer nachzuweisen sein.

Arbeitsproben

Eigentlich kein Thema. Aber denken Sie daran: Ihre kompletten Bewerbungsunterlagen sind bereits eine erste Arbeitsprobe! Wie Sie sich präsentieren, wie sorgfältig Sie mit sich umgehen, sagt eine ganze Menge über Sie aus. Geben Sie sich Mühe, werden Sie sich auch bei der Arbeit engagieren. Gut formulierte und strukturierte Bewerbungsunterlagen sprechen für die Klarheit Ihres Denkens etc.

Eine Übersicht über Ihre Anlagen als Extraseite nach Ihrem beruflichen Werdegang spricht für Sie und Ihren Arbeitsstil, insbesondere dann, wenn Sie mehr als nur drei oder vier Anlagen anzubieten haben.

Anschreiben

Anschreiben und E-Mail-Text

Das Anschreiben ebenso wie den E-Mail-Maskentext (den wir aber noch gesondert behandeln) verfassen Sie am besten zuallerletzt. Nehmen Sie darin deutlich Bezug auf den Text im Stellenangebot (wenn es sich um ein Bewerbungsschreiben auf eine Anzeige hin handelt) oder den sonstigen Bewerbungsanlass (z. B. auf ein vorab geführtes Telefonat, auf eine unaufgeforderte Bewerbung).

Welche Argumente sprechen dafür, dass Sie der richtige Bewerber für die zu besetzende Stelle sind? Was sind Ihre Qualifikationen und Qualitäten (Kenntnisse, Fähigkeiten, Eigenschaften), die z. B. den im Anzeigentext genannten Anforderungen entsprechen? Warum bewerben Sie sich (Motivation), was ist Ihre Ausgangssituation und was sind Ihre Ziele (gegebenenfalls: Ab wann sind Sie verfügbar)? Eine prägnante Zusammenfassung der wichtigsten Pro-Argumente ist die Herausforderung. Was spricht für Sie als Bewerber?

Nach diesen in der Regel fünf bis maximal zehn (in Ausnahmefällen höchstens vierzehn) gut formulierten, überzeugenden Sätzen endet Ihr Bewerbungsanschreiben (hoffentlich nur eine Seite!) mit der Bitte um ein Vorstellungsgespräch, der Grußformel, Ihrer Unterschrift (Vor- und Zuname beide immer ausgeschrieben) und dem Hinweis auf die Anlagen.

Bewerbungsprofis entwickeln übrigens drei alternative Anschreiben, um diese einer selbst gewählten »Personalkommission« vorzulegen. Durch Tipps und kritische Anregungen von anderen lässt sich das Bewerbungsanschreiben oftmals wesentlich verbessern und von Mal zu Mal überzeugender gestalten.

Mit Rücksicht auf den Arbeitgeber sollten Sie die goldene Regel beherzigen: In der Kürze liegt die Würze. Am besten ist ein Anschreiben von einer Seite. Vertretbar sind maximal eineinhalb Seiten, aber nur, wenn Sie wirklich etwas ungewöhnlich Wichtiges zu kommunizieren wissen. Natürlich mögen Sie Gründe haben, warum Sie nicht mit weniger als zwei Seiten auskommen. Aber damit erzeugen Sie beim eiligen Leser schon mehr als nur Ungeduld. Mit eineinhalb bis zwei Seiten sind Sie sehr wahrscheinlich aus dem Rennen. Digitale Bewerbungen mit mehr als drei Anhängen und einer Größe von 5 Megabyte und mehr werden oft gar nicht erst geöffnet, sondern gleich gelöscht.

Aufbau

»Sehr geehrte Damen und Herren« – so beginnen meist Geschäftsbriefe. Wenn Sie diese Anrede in einem Bewerbungsschreiben (das gilt auch für die digitale Form) wählen, kann diese Formel einen groben Fehler darstellen. Nämlich dann, wenn aus der Anzeige hervorgeht, dass eine bestimmte Person diese Bewerbung entgegennimmt. An sie müssen Sie das Bewerbungsanschreiben namentlich adressieren. Das allgemeine »Sehr geehrte Damen und Herren« könnte von Ihrem potenziellen Arbeitgeber als Nachlässigkeit gedeutet werden.

Das ist nur ein Beispiel dafür, wie aufmerksam Sie mit der Anzeige umgehen sollten. Sie kommen nicht darum herum, auf den Text im Stellenangebot Bezug zu nehmen.

Wenn Sie sich unaufgefordert bewerben, müssen Sie sich vorher (z. B. telefonisch) informieren, an wen Sie Ihr Anschreiben am besten adressieren, um dann klar herauszustellen, was Sie anzubieten haben.

Versuchen Sie zu erklären, warum Sie der richtige Bewerber bzw. die richtige Bewerberin für die zu besetzende Stelle sind. Was sind Ihre Qualifikationen und Qualitäten? Garantiert falsch: 08/15-Anschreiben, die verschickt werden wie eine Massensendung.

Um einen besseren Eindruck zu machen, beantworten Sie folgende Fragen: Warum bewerben Sie sich, wo stehen Sie jetzt, was haben Sie anzubieten und was sind Ihre Ziele? Antworten auf diese Fragen sollten aus Ihrem Anschreiben ebenso klar wie knapp hervorgehen. Beenden Sie Ihren Brief wie schon aufgeführt mit der Bitte um ein Vorstellungsgespräch, der Grußformel (»Mit freundlichen Grüßen«), Ihrer Unterschrift (immer voller Vor- und Zuname) und dem Hinweis auf die Anlagen (diese müssen nicht einzeln aufgelistet werden).

Auftakt

Jeder Journalist muss seine Leser mit dem ersten Satz neugierig machen, fesseln und zum Weiterlesen »verführen«. Denn Leser sind ungeduldig. Genau dasselbe gilt auch für Personaler. Deshalb sollten Sie den Einstieg zu Ihrer Bewerbung so gestalten, dass Ihr Arbeitgeber »dranbleiben« will. »Hiermit bewerbe ich mich um ...« oder »Ich beziehe mich auf Ihre Anzeige ...« sind stereotype und sehr langweilige Einstiege. Als Richtlinien für den Anfang gelten: Spannung erzeugen – Interesse wecken – Freundlichkeit vermitteln. Denken Sie an die AIDA-Formel (s. S. 48).

Hier einige mögliche Eröffnungen:

- *In Ihrer Anzeige vom ... suchen Sie eine/-n ...*
- *Sie beschreiben eine berufliche Aufgabe, die mich besonders interessiert ...*
- *Ich beziehe mich auf die von Ihnen ausgeschriebene Position ...*
- *Mit großem Interesse habe ich Ihre Anzeige gelesen und möchte mich Ihnen als ... vorstellen*
- *Sie suchen einen ...*
- *Ich bin ... und habe mit großem Interesse ... gelesen ...*
- *Die von Ihnen ausgeschriebene Position/Aufgabe ...*
- *Ich stelle mich Ihnen als ... vor und habe großes Interesse an ...*

Hauptteil

Im Hauptteil Ihres Briefes liefern Sie alle Informationen, die wirklich substanziell sind. Sie müssen hier in kurzer und prägnanter Form darstellen, warum Sie sich bewerben und weshalb Sie der richtige, geradezu ideale Bewerber sind. Vermitteln Sie, dass Sie genau ins Anforderungsprofil der Firma passen.

Schluss

Auch hier nicht in Plattheiten abgleiten, sondern einen freundlich-verbindlichen Schlusston setzen. Der letzte Satz klingt immer noch ein paar Momente im Gedächtnis nach. Nutzen Sie eventuell die Gelegenheit, durch ein »PS« nochmals auf sich und Ihr Anliegen aufmerksam zu machen. Führen Sie einen Aspekt an, der Ihnen einen zusätzlichen Pluspunkt bringt. Vielleicht gefällt das freundliche Postskriptum. Aufmerksamkeitsanalysen haben ergeben, dass auf einer Briefseite das Postskriptum (PS) nach der Betreffzeile (oder einer anderen Überschrift) die größte Beachtung findet.

Einige Abschlusssätze:

- *Wenn ich/meine Bewerbung Ihr Interesse geweckt habe/hat, freue ich mich über eine Einladung zu einem Vorstellungsgespräch.*
- *Sollten Ihnen meine Bewerbungsunterlagen zusagen, stehe ich Ihnen gern für ein Vorstellungsgespräch zur Verfügung.*
- *Wenn Sie nach Durchsicht der Unterlagen weitere Informationen bzw. ein erstes persönliches Gespräch wünschen, so stehe ich hierfür gern zur Verfügung.*
- *Ich würde mich freuen, wenn Sie mich nach Prüfung der Unterlagen zu einem Vorstellungsgespräch einladen. Hier könnten wir dann gegebenenfalls weitere Details (z. B. Eintrittstermin, Gehalt) besprechen.*
- *Über die Einladung zu einem Gespräch freue ich mich.*
- *Für alle weiteren Auskünfte stehe ich Ihnen gerne in einem persönlichen Gespräch zur Verfügung.*

BEISPIEL FÜR EIN ANSCHREIBEN: PETER MÜNCH

Die Stellenanzeige

Sanitärhaus Sturm

Wir suchen einen jungen, fleißigen Sanitär-fachmann, der auch gelegentlich in unserem Hauptgeschäft unsere Kunden berät.

Wir erwarten
- abgeschlossene Berufsausbildung
- mindestens dreijährige Praxis
- selbstständiges Arbeiten
- Flexibilität (auch Wochenenddienst)
- Erfahrungen im Verkauf
- möglichst PC-Kenntnisse

Ihre schriftliche Bewerbung richten Sie an:
Anton Sturm, Burgallee 135, 21205 Hamburg

Was ist wichtig?

Hier sucht ein Handwerksbetrieb eine neue Arbeitskraft. Wichtig scheinen die Einsatzfreude und die zeitliche Flexibilität des besser jungen und doch schon erfahrenen Bewerbers zu sein. Aber auch Selbstständigkeit und Verkaufserfahrungen sowie PC-Kenntnisse werden gewünscht. Da eine Adresse angegeben ist, empfiehlt es sich, inkognito die Örtlichkeiten einmal anzuschauen, um einen ersten Eindruck vom Unternehmen zu bekommen. Sie wissen dann auch bereits, wie lang der Anfahrtsweg ist. Gegebenenfalls schaut man im Branchentelefonbuch/Internet nach, um die Adresse zu überprüfen.

Unser Bewerber

Peter Münch ist gelernter Gas-/Wasserinstallateur und hat bereits fünf Jahre in seinem Beruf als Geselle gearbeitet. Seit einem halben Jahr ist er aber arbeitslos, nachdem der Kleinbetrieb seines Meisters, bei dem er auch die Ausbildung gemacht hatte (Abschluss: gut), in Konkurs gegangen ist. In dieser Zeit hat der Kandidat einen Fortbildungslehrgang besucht und sich als Aushilfstätigkeit einen Nebenjob als Hausmeister organisiert. Nun möchte er jedoch endlich wieder in einem Handwerksbetrieb seiner Branche einen vollen Arbeitsplatz einnehmen. Er ist ziemlich flexibel, was den Arbeitsanfang anbetrifft. Vergleichen Sie die beiden folgenden Anschreiben.

3. Lerntest: Offene Fragen zur schriftlichen Bewerbung

a) Wie viele Seiten sollte Ihr Anschreiben umfassen?
b) Welche Schrifttypen gehören zu den klassischen Standardschrifttypen, in denen etwa 90 Prozent aller Bewerbungstexte geschrieben sind?
c) Für welche Schriftgröße entscheiden Sie sich?

Die richtige Lösung finden Sie auf S. 108.

Lösung 2. Lerntest: d, c, b (eingeschränkt auch Antwort a)

Peter Münch
Am Wallgraben 2
20201 Hamburg

Sanitärhaus Anton Sturm
Burgallee 135
21205 Hamburg

Hamburg, den 29.09.2015

Betr.: Ihre Anzeige

Sehr geehrte Damen und Herren,

ich bin gelernter Sanitärfachmann und möchte mich auf Ihre Anzeige bewerben. Sie suchen einen fleißigen und flexiblen Praktiker, der auch Erfahrungen im Verkauf nachweisen kann. Das kann ich. Leider bin ich zurzeit arbeitslos und suche deshalb mit allem Nachdruck und schnell eine neue Stelle.

Ich habe mich neben der Arbeit auch immer fortgebildet durch den Besuch der jährlichen Fachmessen und einen Speziallehrgang im April 2014 zur Vorbereitung eines Schweißprüfungslehrganges gemacht. Um nicht tatenlos zu Hause rumzusitzen, habe ich eine Nebentätigkeit als Hausmeister für 3 große Wohnblocks in unserer Straße übernommen. Ich habe bei dieser Tätigkeit meine handwerkliche Geschicklichkeit vielfältig unter Beweis gestellt.

Ich bin sicher, ich erfülle alle Ihre Voraussetzungen und Anforderungen, und würde mich freuen, wir kämen zu einem Vorstellungsgespräch zusammen. Ich stehe ihnen dazu jederzeit zur Verfügung und würde mich freuen, von Ihnen bald zu hören.

Mit freundlichen Grüßen

Peter Münch

Peter Münch / Anschreiben / Schlechte Version (Kommentar Seite 107)

Peter Münch • Am Wallgraben 2 • 20201 Hamburg • Telefon: 040 3542612 • pmuench@web.de

Herrn
Anton Sturm
Sanitärhaus Sturm
Burgallee 135
21205 Hamburg

Hamburg, 29.09.2015

Ihre Anzeige vom 27.09.2015 im Abendblatt
Stichwort: fleißiger Sanitärfachmann
meines: **... der bin ich!**

Sehr geehrter Herr Sturm,

vielen Dank für das freundliche und informative Telefonat. Ihre Ausführungen haben
mich bestärkt, Ihnen meine Bewerbungsunterlagen zu schicken.

Nach meiner Ausbildung zum Gas-/Wasserinstallateur (Abschlussnote: gut) habe ich
fünf weitere Jahre in meinem Ausbildungsbetrieb gearbeitet. Während dieser Zeit wurde
ich sowohl mit Aufgaben der Altbausanierung betraut als auch in unserem Verkaufs-
geschäft in der Müllerstraße bei der Kundenberatung und **im Verkauf eingesetzt**.

Der Umgang mit der Kundschaft hat mir immer sehr viel Spaß gemacht, und ich denke
von mir sagen zu können, dass ich ein gewisses **Verkaufstalent** habe. Da wir nur ein
Kleinbetrieb waren, hat mich mein Chef von Anfang an stark gefordert und mir eine sehr
selbstständige Arbeitsweise abverlangt. Diese habe ich, wie Sie aus meinem Arbeitszeugnis entnehmen können, zu seiner vollsten Zufriedenheit erfüllt.

Bedingt durch den Konkurs meines Arbeitgebers aufgrund eines Großkunden, der selbst
in Zahlungsschwierigkeiten gekommen war, musste ich mich um eine andere Tätigkeit zur
Überbrückung bemühen. Diese fand ich kurz darauf als Hausmeister und handwerkliche
Allroundkraft. Hier habe ich nicht nur meine Flexibilität und Einsatzstärke erneut unter
Beweis gestellt, sondern konnte auch meine sonstigen handwerklichen Fähigkeiten weiter
ausbauen. Zusätzlich habe ich mich auch in dieser Zeit beruflich fortgebildet, wie Sie den
beigefügten Anlagen entnehmen können.

Es würde mich freuen, Sie in einem Vorstellungsgespräch von meiner Qualifikation überzeugen zu können, und bitte Sie deshalb, mich einzuladen.
Eine Arbeitsaufnahme könnte dann sehr schnell erfolgen.

Mit freundlichen Grüßen

Peter Münch

PS: Diese Bewerbungsunterlagen erstelle ich auf meinem eigenen PC (Betriebssystem
Windows 7), sodass ich Ihre Anforderungen diesbezüglich sicher erfüllen kann.

Anlagen

ZU DEN UNTERLAGEN VON PETER MÜNCH

Schlechte Version

Absender und Briefkopfzeile sind nicht nur langweilig, sondern leider auch unvollständig. Die Telefonnummer fehlt und würde somit eine schnelle telefonische Kontaktaufnahme (vielleicht die Einladung zum Vorstellungsgespräch) verhindern bzw. deutlich erschweren. Das Datum schreibt man in dieser Form nicht mehr (»den«).

Die **Betreffzeile** ist in dieser Form völlig veraltet (man schreibt nicht mehr »Betr.:«) und auch wenig aussagekräftig. Welche Anzeige in welcher Zeitung zu welchem Zeitpunkt? Also unbedingt verbessern.

Die **Anrede** ist sehr unglücklich formuliert. Warum nicht den in der Anzeige angegebenen Namen benutzen (Anton Sturm)?

Der **Inhalt** wirkt leider nicht sehr überzeugend. Stilistisch hat der Text einige »Hänger« und der wiederholte »Ich«-Satzanfang (nicht nur alle drei Absätze!) ist sehr unschön. Hier steckt das größte Verbesserungspotenzial. Hinzu kommt: Der Bewerber hat viele Argumente, die für ihn sprechen und offensichtlich auch für das Unternehmen von Bedeutung sind, nicht genutzt. Einzig positiver Aspekt: die Kürze und Gliederung (Absatzgestaltung!). Leider ist der Zeilenumbruch nicht immer ganz glücklich. Vielleicht auch noch positiv: die ungeschickte, jedoch ehrlich wirkende Aussage über die Arbeitslosigkeit und den starken Wunsch, beruflich schnell etwas zu finden. Das sollte wirklich besser ausformuliert werden. Last but not least: Hier hat sich noch ein Rechtschreibfehler versteckt, die Anrede wird immer großgeschrieben (im letzten Satz: »ich stehe *Ihnen*«).

Die **Unterschrift** wird nicht computerschriftlich wiederholt. Kein großer, aber doch ein unnötiger Fehler. Sie sollten aber bitte stets mit vollem Vor- und Zunamen unterschreiben.

Die **Anlagen** fehlen zwar nicht wirklich, sind hier aber nicht erwähnt. Schlecht!

Das Fazit: Schade, aber aus Fehlern lernt man (und vor allem Sie als Leser!) vielleicht am meisten. Und dass z. B. nicht die Chance wahrgenommen wurde, vorab zu telefonieren, gehört auch dazu. Also unbedingt besser machen.

Verbesserte Version

Der **Absender**, die **Briefkopfzeile,** ist jetzt vollständig und nicht mehr langweilig. Des Weiteren sind verbessert worden:

Das **Datum** wurde in die richtige Form gebracht. Die **Betreffzeile** ist aussagekräftig formuliert (Anzeige, Zeitung, Zeitpunkt). Die **Anrede** ist persönlich formuliert. Es wurde vorab telefoniert, was die Chancen enorm erhöht.

Der **Inhalt** wirkt viel überzeugender. Stilistisch hat der Text gewonnen (keine »Hänger« und »Ich«-Satzanfangwiederholungen), ist aber etwas länger geworden. Der Bewerber bringt jetzt deutlich mehr Argumente, die für ihn sprechen und als Anforderung im Anzeigentext des Unternehmens standen. Die Gliederung (Absatzgestaltung!) ist weiterhin schön geblieben, und die ungeschickte Aussage über die aktuelle Arbeitslosigkeit unterbleibt, ebenso der Rechtschreibfehler. Das »PS« am Ende ist ein besonders gut gelungener, ein überzeugender Hinweis ebenso wie die Fettungen, Unterstreichungen und Hinterlegungen.

Die **Unterschrift** (jetzt vollständig) wird nicht mehr computerschriftlich wiederholt. Der **Anlagenhinweis** ist jetzt vorhanden.

Das Fazit: So werden alle Chancen wahrgenommen, vom Vorabtelefonat über die Hervorhebungen bis zum »PS-Argument«. Kaum noch besser zu machen, wenngleich auch etwas lang geraten.

BEISPIEL FÜR EIN ANSCHREIBEN: NINA SONNENBERGER

Die Stellenanzeige

Auch für dieses Beispiel-Anschreiben haben wir zur besseren Orientierung die Stellenanzeige abgedruckt.

Was ist wichtig?

Der Anzeigentext spart nicht an Superlativen. Dem kritischen Leser drängt sich diese stark narzisstisch geprägte Businessorientierung deutlich auf. »Mit uns zum Ziel … Expansion um jeden Preis …« usw. Hier sucht man Macher/-innen, die etwas »auf dem heißesten Markt der Welt« erfolgsorientiert voranbringen wollen. Kampfstimmung und doch Ausstrahlung, Durchsetzungsvermögen, Optimismus sind gefragt und Praxiserfahrung Bedingung. Ein Profi mit Repräsentationspotenzial – und das sieht man ja auch schon an den Bewerbungsunterlagen – hätte eine gute Chance. Für eine Kontaktaufnahme vorab, telefonisch oder per E-Mail, gibt es die nötigen Infos.

Unsere Bewerberin

Nina Sonnenberger ist Kommunikationswirtin und verfügt über eine fünfjährige Berufserfahrung in einer Marketing- und Vertriebsabteilung eines großen Dienstleisters (Berufsbekleidung). Sie hat ein Jahr in der Londoner Zentrale gearbeitet und sich durch verschiedene Seminarprogramme (Führung, Zeitmanagement, Verhandlungstechniken) weitergebildet. Ihre Kündigungsfrist beträgt drei Monate zum Quartalsende, und ihr aktuelles Gehalt liegt bei 65.000 Euro p. a.

---

4. Lerntest: Richtig oder falsch oder …

Welche Aussage ist richtig, welche falsch, welche kann man so nicht ohne Weiteres stehen lassen? Bitte kreuzen Sie **R** oder **F** oder gegebenenfalls auch **?** an.

a) Das vielleicht wichtigste Element in Ihrer Bewerbungsmappe ist Ihr Foto.   R ☐ F ☐ ? ☐

b) Ein eigenes Stellengesuch aufzugeben ist eine ziemlich aufwendige Sache.   R ☐ F ☐ ? ☐

c) Den Lebenslauf nicht zu unterschreiben ist einer der häufigsten Kardinalfehler bei einer schriftlichen Bewerbung.   R ☐ F ☐ ? ☐

Die richtige Lösung finden Sie auf S. 113.

Lösung 3. Lerntest:

a) Antwort: Möglichst nur eine und die nicht zu voll geschrieben! In seltenen Fällen dürfen es auch mal anderthalb sein!

b) Antwort: Times New Roman und Arial

c) Antwort: zwischen 11 und 13 Punkt

Nina Sonnenberger
Wilmersdorfer Str. 104
81240 München
Tel: 089 5534213

Dot Internet Service AG
Human Resources
Frau Steffanie Stos
Hamburger Allee 11 – 15
D-20022 Hamburg

20. Oktober 2015

Ihr Inserat in der *Süddeutschen Zeitung* vom 18. Oktober 2015
»Marketing-Managerin mit Vertriebserfahrung«

Sehr geehrte Frau Stoss,

schon lange ist es mein Wunsch, für Ihr Unternehmen, das ich im Laufe meiner Berufstätigkeit
als stellvertretende Marketing- und Vertriebsleiterin für ein großes Mietservice-Unternehmen
in der Arbeitsbekleidungsbranche kennen- und schätzen gelernt habe, zu arbeiten.
Diesen Wunsch sehe ich jetzt schon bald in Erfüllung gehen. Mein berufliches Profil passt gut
zu Ihren in der Anzeige aufgeführten Anforderungen.

Im Rahmen meiner weiteren beruflichen Entwicklung suche ich jetzt eine neue Herausforderung,
in die ich meine bisherigen Erfahrungen einbringen und durch die ich mich weiter vervollkommnen
kann. Ich liebe die Herausforderung und habe mehrfach unter Beweis gestellt, außergewöhnliche
Umsatz- und Gewinnsteigerungen realisieren zu können.

Ein Ortswechsel nach Hamburg gefällt mir gut.

Weitere Details zu meinem beruflichen Werdegang und den persönlichen Daten entnehmen
Sie bitte den beigefügten Unterlagen.

In einem persönlichen Gespräch würde ich Sie gerne von meinen Potenzialen überzeugen.
Ich besuche Sie sehr gerne in Hamburg und freue mich auf Ihre Antwort.

Mit freundlichen Grüßen aus München

Nina Sonnenberger

Anlagen

Nina Sonnenberger
Kommunikationswirtin

Wilmersdorfer Str. 104
81240 München
Tel: 089 5534213
E-Mail: ninasonnenberger@t-online.de
XING: xing.to/saso

Dot Internet Service AG
Human Resources
Frau Steffanie Stoss
Hamburger Allee 11–15
D-20022 Hamburg

München, 20. Oktober 2015

Ihr Inserat in der Süddeutschen Zeitung vom 18. Oktober 2015
»Marketing-Managerin mit Vertriebserfahrung«

Sehr geehrte Frau Stoss,

unser Telefonat hat mich nur noch weiter darin bestärkt, Ihnen meine Bewerbungsunterlagen zu schicken. Vielen Dank für die Zeit, die Sie sich für mich genommen haben.

Hier nochmals kurz meine beruflichen und persönlichen Daten:
Ich bin 32 Jahre alt, studierte Kommunikationswirtin und verfüge über eine 5-jährige Berufserfahrung, die letzten beiden Jahre als stellvertrende Marketing- und Vertriebsleiterin für ein großes Mietservice-Unternehmen in der Arbeitsbekleidungsbranche.

Im Rahmen meiner beruflichen Entwicklung suche ich eine neue Herausforderung, in die ich meine fundierten Marketingkenntnisse (Direktverkauf) und mein Vertriebstalent (Organisation und Logistik) einbringen kann. Aufgrund meiner Leistungen wurde ich in den letzten Jahren durch besondere Schulungen, einen 1-jährigen Auslandsaufenthalt (Londoner Zentrale) und hohe Tantiemen gefördert und belohnt. Ich liebe die Herausforderung und habe mehrfach unter Beweis gestellt, außergewöhnliche Umsatz- und Gewinnsteigerungen realisieren zu können.

Da ich ortsungebunden bin und Hamburg sehr mag, könnte ich mir einen Start ab dem 1. Januar 2016 (eventuell auch etwas früher) gut vorstellen. Meine Gehaltsvorstellungen liegen bei etwa 70.000 – 75.000 EUR p. a.

In einem persönlichen Gespräch würde ich Sie gerne von meinen Potenzialen überzeugen und freue mich auf Ihre Antwort.

Mit freundlichen Grüßen aus München

Nina Sonnenberger

Anlagen

ZU DEN UNTERLAGEN VON NINA SONNENBERGER

Schlechte Version

Das **Formale** scheint o.k., bis auf einen peinlichen Fehler, ausgerechnet im Namen der Personalchefin (Stos statt Stoss). Im ersten Moment wirkt der Brief insgesamt ansprechend, gut gegliedert, optisch angenehm, selbst wenn uns die Bewerberin nicht genau wissen lässt, wer ihr jetziger Arbeitgeber ist. In ihrer Position (und Gehaltsklasse) ist das durchaus üblich.

Der **Absender**, die Briefkopfzeile, ist nicht langweilig, jedoch könnte man hier zu Recht die E-Mail-Adresse vermissen; schließlich bewirbt sich die Kandidatin bei einem IT-Unternehmen. Wirklich bedauerlich ist aber das Fehlen einer Berufsangabe.

Die **Betreffzeile** ist aussagekräftig, die namentliche **Anrede** in Ordnung.

Der **Inhalt** wirkt bei genauer Betrachtung schon weniger überzeugend. Der Leser weiß nichts über den beruflichen Ausbildungshintergrund und der Einleitungssatz (viel zu lang) ist sowohl stilistisch als auch inhaltlich sehr unschön, wenig beeindruckend. Hier gibt es Handlungsbedarf. Hinzu kommt: Die Bewerberin macht viele Worte, bringt aber keine echten Verkaufsargumente. Der Hinweis auf die Anlagen ist zwar nicht verkehrt, aber eine Kurzzusammenfassung wäre an dieser Stelle wünschenswert. Der Wunsch, nach Hamburg umzuziehen, ist einerseits positiv, verliert aber durch die Wiederholung.

Der **Abschluss** ist durchaus sympathisch, wenn man zuvor von der Kandidatin etwas besser bedient worden wäre. Denn leider umgeht oder vergisst sie, zu den gewünschten Informationen (Gehalt, Start) Stellung zu beziehen.

Die **Unterschrift** ist nicht in Ordnung (zu exaltiert, viel zu groß).

Das Fazit: Viele Chancen sind nicht wahrgenommen worden, das Ganze wirkt etwas zu sehr nach heißer Luft. Auch wurde nicht vorab telefoniert. Also besser machen, überarbeiten.

Verbesserte Version

Das **Formale** ist ordentlich, der Brief wirkt gut gegliedert und optisch angenehm. Jetzt wissen wir auch sofort, mit wem wir es beruflich zu tun haben. Der **Absender** ist jetzt durch die Berufsangabe und die E-Mail-Adresse komplettiert.

Der **Inhalt** wirkt deutlich aufgeräumt und verbessert. Hier wurde telefoniert und die Bewerberin bringt Verkaufsargumente. Der Hinweis auf die Ortsunabhängigkeit bei gleichzeitiger Sympathieerklärung für Hamburg ist so besser gelöst. Die beiden gefetteten Sätze ebenso wie die Unterstreichung lassen das Auge des Betrachters einen Moment länger darauf verweilen. Das löst bei vielen Lesern den Wunsch aus, mehr zu erfahren, und ermutigt zum Lesen. Man fühlt sich quasi in den Text »eingesogen«.

Der **Abschluss** wirkt sympathisch und eine Stellungnahme zu den gewünschten Informationen (Gehalt – klug, eine Spanne zu benennen; möglicher Starttermin) fehlt auch nicht.

Das Fazit: Deutliche Verbesserungen und damit mehr Chancen.

Übrigens: Unter *www.berufsstrategie-plus.de* haben wir weitere Punkte aufgelistet, wie man das Anschreiben durch verschiedene Modifikationen noch etwas attraktiver machen kann. Aber bitte nicht übertreiben!

E-Mail-Bewerbung

Vorüberlegungen und Struktur

Sie haben sich jetzt intensiv mit Ihrem Mitarbeitsangebot und den vielfältigen Formen und Möglichkeiten der klassischen Bewerbung auseinandergesetzt, sind aber auch schon den E-Mail-Masken begegnet (S. 8, 22, 60, 69). Heutzutage können Sie sich bei nahezu jedem Arbeitgeber per E-Mail-Bewerbung vorstellen. Wenn Sie jedoch Zweifel haben und lieber die klassische, papierene Bewerbung bevorzugen, empfehlen wir Ihnen eine kurze telefonische Nachfrage. Das wird toleriert und schafft absolute Klarheit. Existiert ein Online-Bewerbungsformular (wir haben dazu ein eigenes Kapitel, S. 126), dann wissen Sie, hier gibt es quasi nur den einen Weg. Sehr häufig müssen Sie beim Online-Bewerbungsformular sogar noch Ihren beruflichen Werdegang und bisweilen auch ein Anschreiben zusätzlich hochladen.

Beide Verfahren – E-Mail-Bewerbung und Onlineformular – haben Vor- und Nachteile. Die klassische Bewerbung (auch wenn sie digitalisiert, z. B. als PDF verschickt wird) hat ihre Stärken im Bereich der Individualisierung und der damit verknüpften Vermittlung eigener Persönlichkeitsmerkmale. Sie lässt sich per E-Mail mit Anhang sehr schnell und gut auf den Weg bringen. Bei der formulargestützten Onlineabfrage gestaltet sich diese individuelle Vermittlung nur sehr schwer oder sie ist überhaupt nicht möglich. Ab einer Einkommensklasse von etwa 100.000 Euro p. a. empfehlen wir ein Online-Bewerbungsformular – wenn irgend möglich – abzulehnen.

Inhaltlich betrachtet unterscheiden sich per Internet verschickte Unterlagen nur wenig von klassischen auf Papier konzipierten schriftlichen Bewerbungen. Bei beiden Varianten gelten die gleichen Erfolgskriterien bzw. wird mit der richtigen Vorbereitung die Basis für eine überzeugende Ansprache des potenziellen neuen Arbeitgebers gelegt. Fragen Sie sich zunächst:

* Welche konkreten Geschäftsfelder hat die Firma?
* In welcher Form kann ich dort meine Kompetenzen, meine Leistungsmotivation und meine Persönlichkeit bestmöglich einbringen?
* Wie kommuniziere ich mein berufliches Profil erfolgreich?

Diese Punkte gilt es generell zu klären, erst dann sollten Sie sich mit dem Verfassen und der Zusammenstellung der digitalen Unterlagen beschäftigen. Und, ganz klar: An dieser Stelle wird von Ihnen eine gewisse technische Kompetenz verlangt. Leider scheitern gerade hier jedoch viele Kandidaten. Sie sollten sich also, wenn das Internet nicht sowieso zu Ihrem beruflichen Alltag gehört, im Vorfeld unbedingt in Ruhe damit beschäftigen.

Was eine E-Mail-Bewerbung beinhalten sollte, steht nicht definitiv fest. Die Ihnen bekannten drei Elemente Anschreiben, Lebenslauf und Zeugnisse sind aber auch hier gefragt. Die meisten verstehen unter einer E-Mail-Bewerbung ein kurzes Anschreiben im Mail-Feld selbst und ein ausführlicheres im Anhang, zusammen mit Ihrem Lebenslauf. Aber es gibt auch andere Möglichkeiten (siehe Muster auf S. 114).

In der Kürze …

Wer sich auf digitalem Weg um einen Job bewirbt, sollte sich kurz fassen. Niemand will beim Herunterladen lange warten, zig Dateianhänge öffnen und lesen, um letztlich zu entscheiden, ob der Kandidat infrage kommt. Die E-Mail-Bewerbung sollte daher nicht mehr als maximal zwei bis drei Megabyte umfassen und möglichst nur Anschreiben und Lebenslauf (gerne in einer Datei, die Sie Ihrer Mail anfügen) beinhalten. Ein Unternehmen, das Interesse am

Bewerber hat, fordert schnell (per Mail oder telefonisch) weitere Informationen oder Unterlagen an und registriert auch, wie viel Zeit Sie brauchen, um diesen Wunsch zu erfüllen!

Eine hervorragende Alternative zu umfangreichen Dateianhängen ist der Link auf die eigene Bewerbungs-Homepage: eine gute Möglichkeit, um einerseits über sich Auskunft zu geben und andererseits den Daten-GAU beim potenziellen Arbeitgeber zu verhindern (mehr Informationen auf der CD-ROM).

Typische Fehlerquellen

Immer wieder klagen Personalabteilungen über die Flut unzulänglicher Bewerbungen auf dem digitalen Postweg. Es gibt viele Fehlerquellen, die Bewerber von vornherein in schlechtem Licht erscheinen lassen.

- E-Mails werden mitsamt einer Reihe von diversen Anhängen verschickt, deren Inhalte nicht deutlich aus dem Namen hervorgehen.
- E-Mails werden nicht gezielt an ein Unternehmen, sondern an viele Adressaten versandt.
- Bewerbungen beziehen sich nicht auf spezielle Inserate oder sind als Initiativbewerbung nach dem Motto gestrickt: »Ich würde gerne bei Ihnen mitarbeiten wollen, was können Sie mir anbieten ...«
- Jegliche Formalität wird außer Acht gelassen.
- Rechtschreibung und Grammatik sind nicht fehlerfrei.
- Die Dokumente enthalten Viren.
- Riesige Dateianhänge legen das komplette System lahm oder lassen sich gar nicht öffnen.

Was steckt drin?

Verlangt das Stellenangebot nicht ausdrücklich die vollständigen Unterlagen, sind E-Mail-Bewerbungen eher Kurzbewerbungen. Überhäufen Sie den Adressaten nicht mit einer unübersichtlichen Fülle von Dokumenten und Anhängen. Ein ansprechendes kurzes Anschreiben und ein klarer Lebenslauf reichen für den Erstkontakt aus, wenn nicht ausdrücklich die kompletten Bewerbungsunterlagen verlangt werden.

Absender und Adressat

Verwenden Sie eine seriöse E-Mail-Adresse für Ihre Bewerbung – auf keinen Fall blondemaus@

LERNTEST

5. Lerntest: Ihr Wissensstand über die schriftliche Bewerbung ...
(Achtung! Es können auch mehrere Antworten richtig sein.)

Was ist bei Bewerbungen per E-Mail besonders zu berücksichtigen?

a) ... dass die Hemmschwelle vieler Mitarbeiter, gerade in traditionellen Unternehmen, gegenüber dem Medium immer noch relativ hoch ist
b) ... dass Sie nicht wissen, wer sich Ihre Bewerbung anschaut
c) ... dass Personalchefs Angst vor Viren haben
d) ... dass Sie nicht zu viele und zu große Dateianhänge schicken dürfen

Die richtige Lösung finden Sie auf S. 125.

Lösung 4. Lerntest:

a) R, Erklärung: Ja, das könnte man so sehen!
b) R, Erklärung: Stimmt, aber es lohnt sich!
c) ?, Erklärung: Es ist zwar ein klarer Fehler, schmälert aber doch nicht wirklich die Leistungen des Bewerbers. Trotzdem: unbedingt vermeiden!

hotmail.com. Empfehlenswert sind die Kennzeichnung mit richtigem Vor- und Zunamen und der Versand von einem neutralen Account aus, wie z. B. web.de, gmx.de oder gmail.de. Beispiel: elisabeth. brinckmann@web.de.

Schicken Sie Ihre E-Mail-Bewerbung möglichst nicht an eine anonyme Pooladresse wie beispielsweise info@firma.de oder kontakt@unternehmen.com. Hier besteht die Gefahr, dass Ihre Unterlagen gar nicht oder erst verspätet in die Hände des zuständigen Entscheiders gelangen. Finden Sie vorab heraus, wer Ihr Ansprechpartner und Empfänger ist und wie seine E-Mail-Adresse lautet. Dann können Sie auch klären, ob eine E-Bewerbungsform die bevorzugte Variante ist und ob weitere Wünsche vorhanden sind (ohne, mit allen Anlagen oder nur die letzten Zeugnisse etc.).

Um was geht es?

Die Betreffzeile im Mailkopf soll für Sie und Ihr Anliegen werben. Sie ist das Erste, was der Empfänger von Ihnen liest. Geben Sie sich daher Mühe mit der Formulierung und machen Sie den Leser neugierig. Statt »Bewerbung« oder »Michaela Müller Bewerbungsunterlagen« weckt eine Betreff-Formulierung wie beispielsweise »Ihre neue Büromanagerin« mehr Interesse.

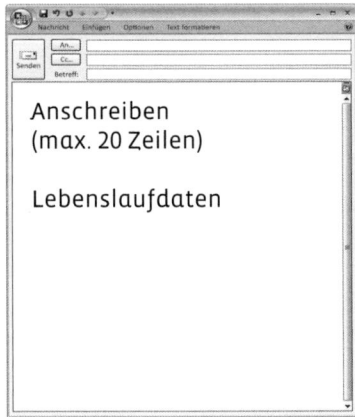

1. Variante

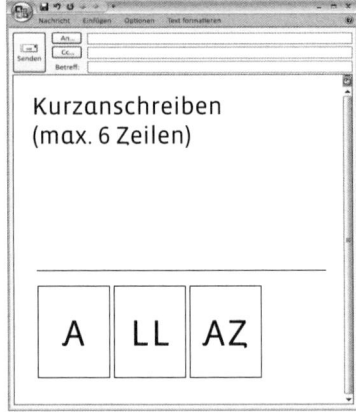

2. Variante

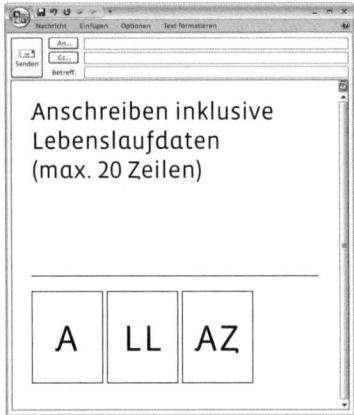

3. Variante

4. Variante

Variationsmöglichkeiten

Das (erste) Anschreiben wird in der E-Mail selbst formuliert, nicht im Dateianhang. Der Anhang enthält Ihren beruflichen Werdegang, eventuell auch eine Überblicksliste mit Arbeits-, Weiterbildungs- und Ausbildungszeugnissen, die Sie auf Wunsch nachreichen. Es gibt auch Firmen, die sich auf telefonische Nachfrage Ihr Anschreiben gesondert im Datenanhang wünschen. In diesem Fall reichen einige freundliche Zeilen, die sich auf die Bewerbung und das vorherige Telefonat beziehen, in der E-Mail selbst. Zusätzlich empfehlen wir, die persönlichen Daten wie Anschrift, Kontaktdaten, eventuell Adresse der eigenen Bewerbungshomepage und drei Kernkompetenzen zum Stellenprofil mit aufzulisten.

Serienmails sind als Bewerbung ungeeignet. Formulieren Sie individuell für ein bestimmtes Unternehmen. Beziehen Sie sich dabei auf das entsprechende Stellenangebot oder bei einer Initiativbewerbung auf den Anlass und Ihr besonderes Mitarbeitsangebot.

Konzentrieren Sie sich auf das Wesentliche und bieten Sie an, die entsprechenden Unterlagen in Form einer schriftlichen Bewerbung oder bei einer

persönlichen Begegnung gern nachzureichen. Signalisieren Sie auch Ihre Bereitschaft, telefonisch für weitere Auskünfte zur Verfügung zu stehen. Nennen Sie Ihre Handynummer oder Ihren Festnetzanschluss mit Mailbox/Anrufbeantworter.

Auch bei der E-Bewerbung gibt es, je nach Bewerberprofil, unterschiedliche Gestaltungsmöglichkeiten. Sie finden anschließend einige Vorschläge. Für alle Varianten gilt:

- Die Schriftgröße sollte nicht kleiner sein als 10 Punkt.
- Reihenfolge des Mailtextes: (persönliche) Anrede, Text, Grußformel, Unterschrift, Absenderblock (mit Ihren Kontaktdaten), Hinweis auf beigefügte Anlagen (falls welche mitgeschickt werden).
- Die Unterschrift am Ende der Mail können Sie computerschriftlich vornehmen oder (nicht unbedingt nötig!) Ihre Originalunterschrift in Blau scannen und einfügen.
- Immer daran denken: auf das Wesentliche reduzieren, keine langen Texte!

1. Variante – empfohlen für die erste Kontaktaufnahme

Mailtext inklusive Lebenslaufdaten ohne Dateianhang (maximal sechs Absätze, insgesamt weniger als 20 Textzeilen): formuliert wie ein »klassisches« Anschreiben; wegen der minimalistischen Form sehr beliebt bei Personalern.

2. Variante – empfohlen für einfache Positionen

Mailtext (maximal sechs Absätze; insgesamt weniger als 20 Textzeilen): mit allen Punkten, die wir für ein »klassisches« Anschreiben empfehlen, plus Dateianhang mit Lebenslauf (LL) und den aktuellsten Arbeits- und/oder Ausbildungszeugnissen (AZ). Für die Empfänger ist es oft einfacher, wenn Sie alles in eine Datei packen.

3. Variante – empfohlen für gehobenere Positionen ab etwa 35.000 Euro Jahresbrutto- einkommen

Mailtext (maximal drei Absätze; insgesamt weniger als sechs Textzeilen): kurz Bezug nehmen auf Ihre Bewerbung, ggf. das Telefonat, ggf. Bewerberhomepage; drei Kernkompetenzen nennen plus Dateianhang mit »klassischem« Anschreiben (A) und Lebenslauf evtl. plus AZ, evtl. in einer Extradatei.

4. Variante – empfohlen für gehobene Positionen ab Jahresbruttoeinkommen über 45.000 Euro

Mailtext inklusive Lebenslaufdaten (maximal sechs Absätze; insgesamt weniger als 20 Textzeilen): inklusive der wichtigsten beruflichen Stationen plus

Dateianhang mit evtl. zusätzlichem Anschreiben und/oder Lebenslauf evtl. plus AZ.

Form des Anschreibens

Über 70 Prozent der Personaler handhaben E-Mail-Bewerbungen wie klassische Bewerbungen. Interessante Unterlagen werden ausgedruckt und dem bereits vorliegenden Bewerbungsmappenstapel hinzugefügt. Nehmen Sie daher in der Mail selbst schon kurz Bezug auf Ihren beruflichen Werdegang. Das gibt dem Leser einen Überblick, ob sich ein Klick in die angehängte Datei bzw. ein Ausdrucken lohnt.

Beschränken Sie Ihre Kreativität auf den Inhalt, nicht auf die Gestaltung des Mailtextes. Nutzen Sie die klassischen Formatierungen – schwarz auf weiß, einzeilig. Mit anderen Textformatierungen (fett, kursiv, mit bunten Hintergründen) halten Sie sich besser zurück. Nicht selten ist das E-Mail-Programm des Empfängers so konfiguriert, dass es Ihre Nachrichten nicht in dem Format lesen kann, in dem Sie es abgesendet haben. Verwenden Sie also die einfachsten Standards und keine Spielereien!

Kontaktdaten / Signatur

Ihre Kontaktdaten platzieren Sie bei einer E-Mail am besten am Ende des Textes. Nur wenn sichergestellt ist, dass Ihre HTML-E-Mail auch korrekt empfangen bzw. decodiert werden kann, lohnt sich die Arbeit, am Ende des Textes Ihre eingescannte Unterschrift einzufügen. Während die eigene Signatur an dieser Stelle also eine interessante Option darstellt, ist sie im angefügten Anschreiben sowie im Lebenslauf ein ganz klares Muss. Das sieht sehr schön aus, ist persönlicher und kann auch in blauer Schrift formatiert werden – Stichwort: Königsblau.

Der Lebenslauf

Nach dem Anschreiben folgt Ihr Lebenslauf, den Sie in Form und Inhalt wie bei einer traditionellen klassischen Bewerbung erstellen und Ihrer E-Mail-Bewerbung anfügen. Da, wie Sie bereits wissen, die Anlagen gerne ausgedruckt werden, ist ein gut formatierter Lebenslauf besonders wichtig. Alternativ können Sie ihn auch als absolute Kurzversion direkt in die E-Mail schreiben. Dies erspart dem Leser bei der ersten Durchsicht einen zweiten Klick auf eine angehängte Datei und damit Zeit. Sie sollten aber den gut gestalteten Lebenslauf parat

haben oder ihn gleich als PDF-Datei anhängen. Was es beim Erstellen und Gestalten eines Lebenslaufs zu beachten gilt, haben Sie bereits auf S. 86 ff. gelesen.

Das Foto

Scannen Sie Ihr Bewerbungsfoto ein bzw. lassen Sie sich hierbei von professioneller Seite helfen, sofern Sie es noch nicht in digitaler Form vorliegen haben (am besten im JPG-Format). Dann können Sie das Bild in Ihren Lebenslauf einfügen. Beachten Sie hierbei, dass das Bild nicht zu viel Speicherplatz einnimmt und damit die Datenmenge Ihrer Bewerbung zu groß wird.

Die Zeugnisse

Nach dem Anschreiben und dem Lebenslauf folgen Ihre Zeugnisse. Wählen Sie nicht zu viele, sondern nur die für Sie wichtigsten Zeugnisse aus, scannen Sie diese in Schwarz-Weiß ein und fügen Sie sie dem zentralen Dokument am Ende an. Werden mehr als drei bis vier Zeugnisse angefügt, so empfiehlt sich ein Anlagenverzeichnis, das nach dem Lebenslauf einen Überblick zur Reihenfolge der nun aufgeführten Dokumente gibt.

Die Anlage

Beachten Sie bitte, dass beim Versand von Anlagen idealerweise nur ein zentrales Dokument benutzt werden sollte. Dies vereinfacht das Abspeichern und Öffnen für den Empfänger und stellt auch sicher, dass keine Unterlagen vergessen werden. Die Datenmenge sollte nicht zu groß sein. Versehen Sie das Dokument mit einem aussagefähigen Namen, z. B. bewerbung_ anne_schulz_25102014. Eine Alternative für die Bezeichnung: Ihr Familienname, Vorname und der Hinweis auf Lebenslauf, Anschreiben oder Zeugnisse. Z. B. ist »Mueller_Martin_Anschreiben« verständlicher als »AN.MM«. Achten Sie dann innerhalb des angefügten Dokuments auch auf die richtige Reihenfolge der Texte.

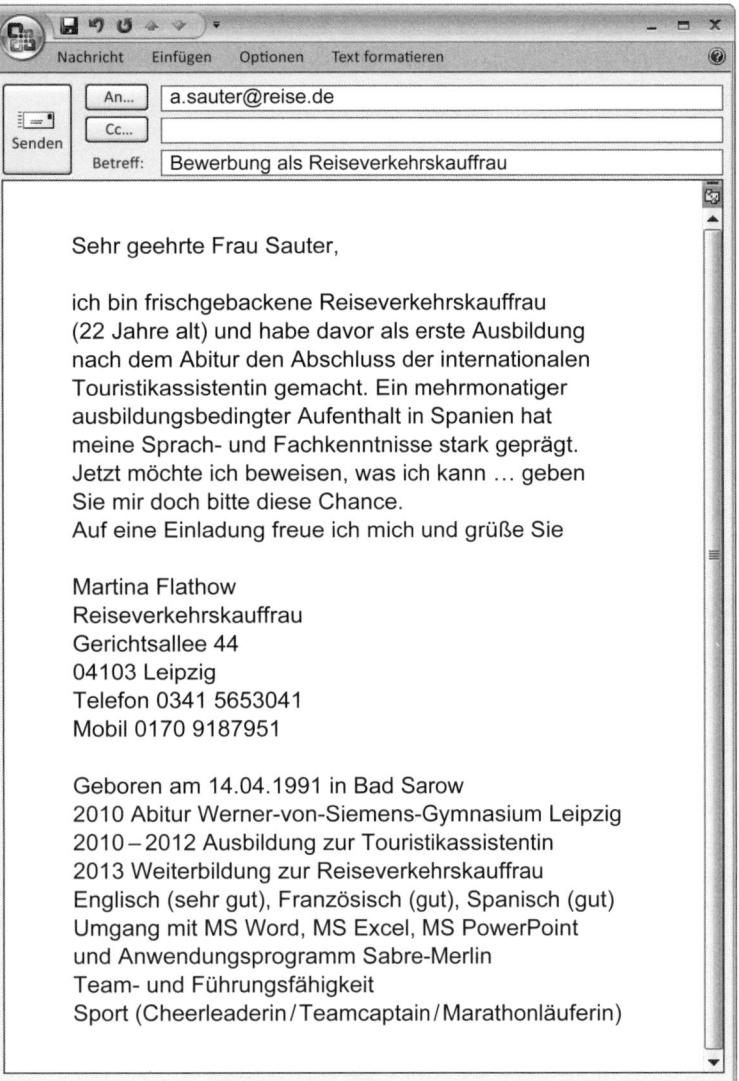

Sehr geehrte Frau Sauter,

ich bin frischgebackene Reiseverkehrskauffrau
(22 Jahre alt) und habe davor als erste Ausbildung
nach dem Abitur den Abschluss der internationalen
Touristikassistentin gemacht. Ein mehrmonatiger
ausbildungsbedingter Aufenthalt in Spanien hat
meine Sprach- und Fachkenntnisse stark geprägt.
Jetzt möchte ich beweisen, was ich kann ... geben
Sie mir doch bitte diese Chance.
Auf eine Einladung freue ich mich und grüße Sie

Martina Flathow
Reiseverkehrskauffrau
Gerichtsallee 44
04103 Leipzig
Telefon 0341 5653041
Mobil 0170 9187951

Geboren am 14.04.1991 in Bad Sarow
2010 Abitur Werner-von-Siemens-Gymnasium Leipzig
2010–2012 Ausbildung zur Touristikassistentin
2013 Weiterbildung zur Reiseverkehrskauffrau
Englisch (sehr gut), Französisch (gut), Spanisch (gut)
Umgang mit MS Word, MS Excel, MS PowerPoint
und Anwendungsprogramm Sabre-Merlin
Team- und Führungsfähigkeit
Sport (Cheerleaderin / Teamcaptain / Marathonläuferin)

Dateiformate

Versenden Sie Ihre Mail im »Nur-Text«-Format. Damit gehen Sie garantiert kein Risiko ein.

Achten Sie auch bei Ihren Dateianhängen (Lebenslauf, Zeugnisse, Arbeitsproben etc.) auf das verwendete Format. Verzichten Sie grundsätzlich auf TIF-, GIF- und EPS- sowie PSD- und BMP-Dateien. Mit Word erzeugte DOC-Dateien sind zwar den meisten PC-Benutzern zugänglich, haben aber zwei Nachteile. Zum einen bleiben Layout und Formatierung bei der Datenübertragung häufig nicht erhalten, zum anderen sind diese Dateien sehr anfällig für sogenannte Makroviren. Garantiert virenfrei sind RTF-Dateien, die auch Formatierungen beibehalten.

Eine professionelle Alternative dazu bieten die sogenannten PDF-Dateien (Portable Document Format). PDF ist ein Dateiformat, das alle Schriften, Formatierungen, Farben und Grafiken Ihres Dokuments erhält. Im Geschäftsleben gehört die Software zum Standard. Fotos und Dokumente lassen sich sehr gut im JPG-Format einscannen. Unser Ratschlag: Fügen Sie die digitalisierten Daten in Ihr Bewerbungsdokument ein und wandeln Sie dieses am Ende in ein PDF-Dokument um. Wenn Sie dieses Format verwenden, vermeiden Sie Probleme beim Öffnen der mehr oder minder großen Anhänge in unterschiedlichen Grafikprogrammen. Kostenfreie Programme zur Erzeugung von PDF-Dokumenten finden Sie im Internet.

Wollen Sie auf Nummer sicher gehen, so erfragen Sie telefonisch, was gewünscht wird.

Unser Kommentar

Text: kurz und treffend – direkt in der E-Mail-Maske. In wenigen Zeilen wird hier beim Leser Interesse an der Bewerberin geweckt. Die persönliche Ansprache sorgt ebenfalls dafür, dass dieses Angebot wahrgenommen wird.

Absenderadresse: kommt, wie bei E-Mails üblich, ans Textende. In diesem Beispiel geht es aber noch mit einem Mini-Lebenslauf weiter. Eine sehr gute Idee! Er rundet das positive Bild einer interessanten Bewerberin ab.

Umfang: Mehr muss nicht sein bei der ersten Kontaktaufnahme.

Keine weiteren Anlagen, die eingescannt und mitgeschickt werden müssen. Wichtig wäre jedoch vielleicht noch der Hinweis, dass man auf Wunsch gerne mehr Unterlagen vorlegt – entweder vorab oder bei der ersten persönlichen Begegnung.

Weitere Varianten für eine Kontaktaufnahme per Mail finden Sie auf der CD-ROM.

Testlauf

Testen Sie, wie Ihre E-Mail ankommt. Richten Sie sich eine zweite E-Mail-Adresse ein und schicken Sie eine Testbewerbung an sich selbst. So können Sie prüfen, ob Ihre Mail vollständig und ordentlich formatiert ankommt.

Beachten Sie auch, dass manche kostenlosen E-Mail-Provider am Ende der Nachricht ungefragt Werbung platzieren. Dies können Sie ebenfalls mit einer Test-E-Mail erkennen und dann gegebenenfalls für Ihre Bewerbungsaktivitäten einen anderen Provider verwenden.

Die Nachfass-E-Mail

Sie haben alle Ratschläge beachtet, Ihre E-Mail abgeschickt und keine Antwort erhalten? Manchmal gehen Nachrichten verloren oder der Empfänger hat Ihre Bewerbung übersehen. In jedem Fall können Sie nach etwa 7 bis 10 Tagen Wartezeit eine Nachfass-E-Mail versenden. Formulieren Sie noch einmal in drei Zeilen Ihr Interesse an der Position und erkundigen Sie sich, ob alles gut angekommen ist, ob vielleicht noch bestimmte Unterlagen fehlen und wann denn mit einer Entscheidung zu rechnen ist. Rechts sehen Sie, wie eine solche Mail formuliert werden kann.

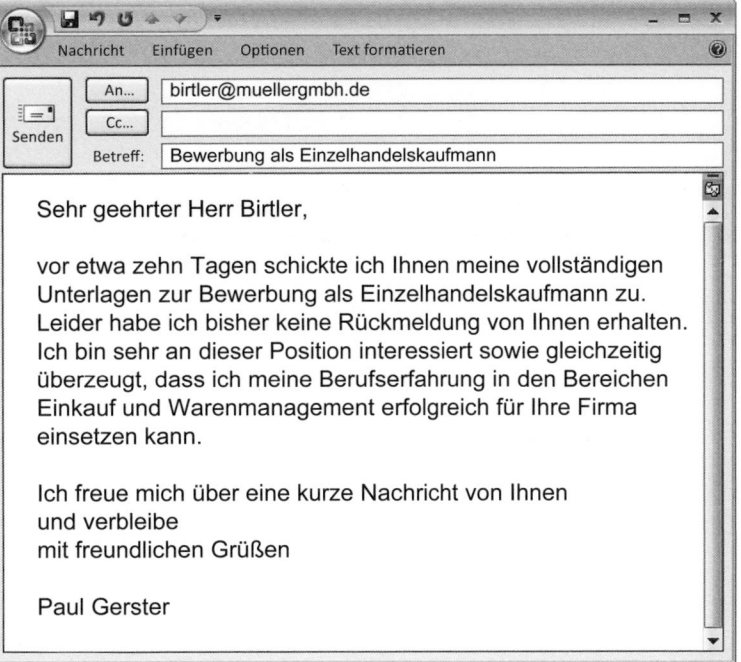

Sehr geehrter Herr Birtler,

vor etwa zehn Tagen schickte ich Ihnen meine vollständigen Unterlagen zur Bewerbung als Einzelhandelskaufmann zu. Leider habe ich bisher keine Rückmeldung von Ihnen erhalten. Ich bin sehr an dieser Position interessiert sowie gleichzeitig überzeugt, dass ich meine Berufserfahrung in den Bereichen Einkauf und Warenmanagement erfolgreich für Ihre Firma einsetzen kann.

Ich freue mich über eine kurze Nachricht von Ihnen und verbleibe mit freundlichen Grüßen

Paul Gerster

Mit einer kleinen Zusatzmail nach vorn katapultiert

Über drei Wochen nach Versand meiner Bewerbung hatte ich immer noch nichts gehört. Waren meine Bewerbungsunterlagen überhaupt eingetroffen? Hatte man sich vielleicht sofort gegen mich entschieden, nur vergessen, es mir mitzuteilen?
*Ich überlegte, was besser ist: telefonieren oder schreiben? Dann entschied ich mich für eine etwas längere Mail. Vorab musste ich aber doch das Büro anrufen und mir die direkte Mailadresse des Entscheiders durchgeben lassen. Meine Mail enthielt eine Kurzzusammenfassung der Highlights, von denen ich annahm, sie könnten meinen Ansprechpartner interessieren. Vor allem aber: **keinen Vorwurf** in Richtung: »Ich habe noch nichts von Ihnen gehört.« Als ob ich den richtigen Zauberspruch aufgesagt hätte, klingelt wenige Tage später das Telefon und ich werde freundlichst zum Vorstellungsgespräch eingeladen …*

Kurzbewerbung

Die Kurzbewerbung geistert in den Köpfen vieler Bewerber herum, und kaum einer weiß oder fühlt sich sicher, wie diese nun eigentlich zu konzipieren ist.

Entscheidendes Merkmal ist hierbei – wie es der Begriff schon sagt – die Kürze und Schnelligkeit, mit der der Schreiber informiert. Ob es dabei nur um eine oder bis zu drei Seiten geht, ist allein Ihre Entscheidung. Bei einer Seite wird man wohl am häufigsten eine Art Kombination von Anschreiben und wichtigsten Lebenslaufdaten präsentieren. Häufiger werden zwei Seiten verwendet: eine, die das (knappe) Anschreiben transportiert, eine zweite, die die berufliche Entwicklung, den Lebenslauf darstellt. Das kann auch ein Kurztext in der Mailmaske sein, der als eine Art Anschreiben aufgemacht wird, plus Dateianhang mit einer, aber nicht mehr als zwei Seiten. Sehr selten werden dieser Kurzform weitere Anlagen beigelegt (Ausnahmen bestätigen die Regel, so z. B. bei Azubi-Bewerbern als dritte Seite die Kopie des letzten Schulzeugnisses). Trotzdem sollten Sie in jedem Fall auch diesen wenigen Seiten ein Foto von sich beilegen.

Besondere Vorteile einer Kurzbewerbung sind die preisgünstige Herstellung und der Versand.

Wichtig bleibt, wie bei all Ihren Bemühungen, Ihre konzeptionell gut durchdachte Vorbereitung. Dieses Verfahren ist völlig o.k. für Azubis, junge Hochschulabsolventen und Kandidaten, die weniger als 50.000 Euro im Jahr verdienen. Für alle anderen dagegen eignet es sich aber nur sehr schlecht.

Sehen Sie sich nun die Kurzbewerbung von Richard Meyer und unseren Kommentar dazu an.

ZUR KURZBEWERBUNG VON RICHARD MEYER

Bei dem Beispiel auf der folgenden Seite handelt es sich um eine Bewerbung in ihrer minimalsten Form, da sie wirklich nur eine Seite umfasst. Jedoch sind auch hier die wichtigsten Daten des Kandidaten enthalten und geschickt präsentiert.

Als Erstes fällt der interessant »komponierte« Briefkopf auf. Die grafische Gestaltung mit dem grauen Kasten findet ihre Wiederholung im quadratischen Foto und ergänzt sich gut. Dies ist wirklich eine schöne Idee.

Der Kandidat muss über die Firma Erkundigungen eingeholt haben, denn er kann den verantwortlichen Ansprechpartner in Anschrift und Anrede benennen. Dann folgen ein sehr selbstbewusster Einleitungssatz und das ansprechende Foto. Der Hauptteil des Schreibens ist durch drei kurze und klare Fragen in der rechten Spalte gegliedert, die in der linken Spalte in prägnanter Form beantwortet werden.

Der Bewerber versteht es, in dieser sehr komprimierten Form für sich zu werben. Der Leser wird neugierig und möchte sicherlich mehr erfahren. Die Kurzbewerbung endet auch mit dem Hinweis, dass der Kandidat gern weitere Unterlagen zusendet. Diese Anmerkung ist bei solch einer Bewerbung unabdingbar.

Einziger Kritikpunkt bei diesem Schreiben: Vielleicht kommt es noch nicht deutlich genug heraus, warum sich der Kandidat gerade in diesem Unternehmen bewerben will. Der Hinweis, dass er die Firma als Kunde kennen und schätzen gelernt hat, ist möglicherweise ein zu schwaches Argument.

Einschätzung: Eine insgesamt gute und einfallsreiche Kurzbewerbung.

RICHARD MEYER
Quentinufer 67
32052 Herford
Tel. 0 52 21/3 45 65 29
E-Mail: richard.meyer@web.de

Autohaus Kogel
Herrn Volker Benjamin
Im Schiernholz 8
32049 Herford

Herford, 11. Februar 2015

Sehr geehrter Herr Benjamin,

ich möchte Sie gern auf jemanden aufmerksam machen: auf mich.

Wer ich bin:
Richard Meyer, 50 Jahre alt und ein engagierter und erfahrener KFZ-Mechaniker.

Was ich will:
Einen Arbeitsplatz in Ihrem Unternehmen, das ich bereits als Kunde kennen und sehr schätzen gelernt habe.
Gern würde ich hier meine Stärken wie Präzision, Geschicklichkeit und Selbstständigkeit einsetzen.

Was ich kann:
Ich biete Ihnen langjährige Erfahrung mit den verschiedensten Fahrzeugtypen: VW/Audi, Ford, Volvo und Mercedes.
Die Reparatur und Wartung von LKWs gehört auch zu meinem Repertoire, ebenso wie der Führerschein Klasse B. Außerdem bringe ich gute Kenntnisse der hydraulischen, pneumatischen und elektronischen Systeme und Anlagen mit. Eine permanente Fortbildung ist mir sehr wichtig. Daher habe ich verschiedene Schweißerlehrgänge besucht und erfolgreich abgeschlossen.
Ich arbeite gern im Team, bin aber dank meines Organisationstalentes und großer Flexibilität auch in der Lage, eigenverantwortlich zu agieren.

Gern sende ich Ihnen weitere Unterlagen zu. Für ein persönliches Gespräch stehe ich selbstverständlich jederzeit zur Verfügung.

Mit freundlichen Grüßen

Richard Meyer

Richard Meyer / Kurzbewerbung (Kommentar Seite 118)

Bewerbungsflyer

Nun stellen wir Ihnen zwei Bewerbungsflyer vor, hier in etwas verkleinerter Form wiedergegeben. Im Original füllen diese Flyer ein komplettes DIN-A4-Blatt, vorder- und rückseitig bedruckt. Aber was das Format anbetrifft, ist man in der Gestaltung sowieso relativ frei. Mit Ihrem PC und einem modernen Textverarbeitungsprogramm lässt sich so ein Flyer oder Folder problemlos herstellen. Richten Sie im Querformat drei Spalten ein oder legen Sie sich eine dreispaltige Tabelle als Grundlage an, und schon kann es losgehen. Um den Flyer auch aufklappen zu können, wird er von beiden Seiten bedruckt.

Überhaupt: Die grafischen Darstellungsmöglichkeiten sind vielfältig. Größtes Problem bei dieser Art von Mini-Faltprospekt in eigener Sache ist die Notwendigkeit, mit wenig Text auszukommen. Wer sich dieser Herausforderung stellt und das Problem gut löst, hat wirklich die Essentials seines Angebots herausgearbeitet (hoffentlich!).

Mit einem kurzen Begleitschreiben in Richtung »Sie halten jetzt wahrscheinlich die leichteste Bewerbungsmappe der Welt in der Hand …« kann man sogar hartgesottene Personalchefs immer noch überraschen. Trotzdem sollte diese äußerst günstige Variante nicht dazu verleiten, kopflos Hunderte von Flyern zu verschicken. Nicht die Quantität zählt schließlich, sondern die Qualität.

Und hier sind wir bei der Besonderheit des Flyers: der haptische Eindruck. Man kann einen Flyer persönlich überreichen, z. B. beim Messebesuch, man kann ihn auch per klassischer Post verschicken – der Versand per E-Mail macht aber keinen Sinn.

Diese Form der schriftlichen Kontaktaufnahme stellt eine Alternative dar, die in der Lage ist, Aufmerksamkeit, Interesse und Neugier an Ihrer Person zu wecken.

Ein Flyer ist auch immer eine besondere Art der Visitenkarte, wenn es z. B. um Erstkontakte auf Messen oder bei sonstigen Zusammenkünften mit potenziellen Arbeitgebern geht. Schnell bei der Hand und bequem verfügbar, ermöglicht Ihnen der Flyer, Ihre Werbebotschaft auf ansprechende Weise zu überreichen.

Sehr geehrter Herr Finger,

Ich stelle mich …

1. Ansicht – Vorderseite

… Ihnen heute vor.

Vielleicht
werde ich ja Ihr neuer
Auszubildender zum
Reiseverkehrskaufmann?

Köln, 5. April 2015

2. Ansicht – Vorderseite

Meine wichtigsten

Daten
Interessen
Stärken

Bitte blättern Sie um!

3. Ansicht – Vorderseite

Jan Wagner

Linzer Str. 35
50939 Köln
Telefon 0221 2344532
jan.wagner@gmx.de

1. Ansicht – Rückseite

Persönliche Daten
Geboren: 3. August 1999
             in Köln

Eltern: Ernst Wagner,
             Friseur
             Petra Wagner,
             geb. Potz,
             Buchhändlerin

Schulbildung
Grundschule: 2005 – 2011

Realschule: seit 2011
Abschluss: Sommer 2015

Sprachen: Englisch
             Spanisch
             Französisch

Außerschulische Interessen
Kenntnisse: PC, Internet,
             Mineralogie
Hobbys: Verreisen
             Fußball

2. Ansicht – Rückseite

Lange habe ich darüber nach-
gedacht, welcher Beruf wohl zu
mir passt. Seit einem Praktikum
vor einem Jahr bin ich mir ganz
sicher:
Reiseverkehrskaufmann – das
wär's.

Mit meinen Eltern bin ich viel
verreist, habe also schon ein
bisschen was „von der Welt"
gesehen. Außerdem bin ich sehr
neugierig auf fremde Länder
und Kulturen. Mir macht es Spaß,
für die Kunden ein passendes
Reiseziel zu finden. Ich spreche
sehr gut Englisch und auch Französisch. Spanisch lerne ich an der
Volkshochschule (4. Kurs).

Das sind doch sehr gute Voraussetzungen für einen angehenden
Reiseverkehrskaufmann, oder
finden Sie nicht? Rufen Sie mich
an. Ich sende Ihnen auch gern
weitere Unterlagen zu.

Mit freundlichen Grüßen

Jan Wagner

3. Ansicht – Rückseite

Jan Wagner / Bewerbungsflyer (Kommentar Seite 123)

1. Ansicht – Vorderseite

Sehr geehrte
Frau Kölling-Jung

**hätten Sie ein paar
Minuten Zeit für mich?
Ich möchte mich Ihnen
gern vorstellen.**

2. Ansicht – Vorderseite

Mein Ziel ...

... ist es, bei Ihnen
als Marketingreferentin zu
arbeiten. Mein Wissen,
Engagement und meine
Erfahrungen möchte ich sehr
gern in den Dienst der
Deutschen Bahn AG
stellen ...

Hamburg,
15. März 2015

3. Ansicht – Vorderseite

... und
deshalb bewerbe
ich mich heute
bei Ihnen!

Lena Reiner
Wirtschafts- und
Politikwissenschaftlerin
Sandhafer 4
21149 Hamburg
Tel. 040 8564538
E-Mail: l.reiner@gmx.de

Möchten Sie
mehr über mich wissen?
Dann blättern Sie doch
einfach um ...

---

1. Ansicht – Rückseite

**Meine
wichtigsten
Daten**

Lena Reiner

geboren am 18.10.1989
in Schleswig

ledig, ortsungebunden

Diplom in BWL und
Politologie

2. Ansicht – Rückseite

**Meine
wichtigsten
Stationen**

Honorartätigkeit
Werbeagentur: Strieder,
Hamburg, seit 4 / 11

Praktika
u. a. in den Bereichen Marketing,
Incentives, Betriebsorganisation,
Marktanalysen (Bayer,
Aventis, Reemtsma)

Studienschwerpunkte
Wirtschaftswissenschaften:
Marktforschung, Marketingmanage-
ment u. -instrumente; Politologie:
u. a. Organisationssoziologie,
neue Managementkonzepte,
Meinungsmanagement

Weiterbildung
Teilnahme an diversen
Fachveranstaltungen

Sprachkenntnisse
Englisch, Französisch,
Italienisch, Polnisch

3. Ansicht – Rückseite

**Meine
Pluspunkte**

- entscheidungsstark
- selbstkritisch
- unternehmerisches
  Denken
- kundenorientiertes
  Handeln

- zukunftsorientiert mit
  Augenmaß für das
  Machbare
- überzeugende fachliche
  Voraussetzungen
- starke Lernbereitschaft

... und nicht
zu vergessen:

- großer Spaß an der
  Arbeit!

Lena Reiner / Bewerbungsflyer (Kommentar Seite 123)

ZUM BEWERBUNGSFLYER VON JAN WAGNER

Das erste Beispiel beginnt mit einer sehr schlichten Titelseite (s. 1. Ansicht – Vorderseite). Der Kandidat hat vorn gleich sein Foto positioniert, was – wenn das Bild sympathisch wirkt – wahrscheinlich noch eine größere Zugkraft hat als einleitende Worte. Sie wissen ja: Bild schlägt Text. Originell auch die Formulierung »Ich stelle mich …«, die der Bewerber dann auf der nächsten Seite aufklärt mit »… Ihnen heute vor«. Sehr selbstbewusst folgt dann die Frage: »Vielleicht werde ich ja Ihr neuer Auszubildender zum Reiseverkehrskaufmann?«

Die nächste Seite (s. 3. Ansicht – Vorderseite), zwar schlicht und dennoch grafisch sehr ansprechend gestaltet, leitet über zum Lebenslauf. Hier erfährt der Leser neben Adresse und persönlichen Daten in sehr komprimierter Form das Wichtigste über die Schulbildung und außerschulische Interessen (s. 1. u. 2. Ansicht – Rückseite).

Recht selbstbewusst und passend zu der aus dem Rahmen fallenden Form dieser Bewerbung ist auch der Text über die Motivation, weshalb der Kandidat Reiseverkehrskaufmann werden möchte. Und selbst im letzten Satz bleibt er sich treu: Statt des üblichen »… ich freue mich, wenn ich …«, um auf die Gesprächseinladung hinzuweisen, schlägt er kurz und knapp vor: »Rufen Sie mich an.« Wichtig: der Hinweis, dass weitere Unterlagen angefordert werden können. Vielleicht ist der Adressat neugierig geworden, möchte aber noch mehr wissen, bevor er den Bewerber persönlich einlädt.

Einschätzung: Eine gelungene, schlichte und selbstbewusste Form der eigenen Darstellung, der wir die Note »gut« geben.

ZUM BEWERBUNGSFLYER VON LENA REINER

Das zweite Beispiel fängt auch mit einer sehr einfachen ersten Seite an, auf der die Kandidatin die Adressatin namentlich benennt, ihr direkt eine Frage stellt und den Wunsch äußert, sich vorzustellen (s. 1. Ansicht – Vorderseite).

Auf der nächsten Seite (s. 2. Ansicht – Vorderseite) geht die Bewerberin auf ihr Ziel ein, das sie in einem Satz kurz ausdrückt.

Nach der Nennung des Ziels wird am Anfang der dritten Ansicht der Vorderseite noch einmal der Bewerbungsgrund genannt. Es folgen Foto sowie Name und Anschrift. Am Schluss gelingt mit der direkten Frage »Möchten Sie mehr über mich wissen?« und den Worten »Dann blättern Sie doch einfach um …« ein guter Übergang zur nächsten Seite.

Unter der Überschrift »Meine wichtigsten Stationen« sind die persönlichen Daten und ein prägnant verfasster Lebenslauf mit Themenblöcken aufgelistet. Diese sind durch Fettdruck betont. Der Leser bekommt so einen guten Überblick und wird hoffentlich neugierig, mehr über die Kandidatin zu erfahren.

Die letzte Ansicht der Rückseite führt unter der Überschrift »Meine Pluspunkte« die wichtigsten Stärken der Bewerberin auf, die durch Aufzählungszeichen betont werden. Am Schluss wird als letzter Aspekt der »Spaß an der Arbeit« besonders hervorgehoben. Bravo, ein gelungenes Ende!

Zum Foto: Hier ist das interessante Format Grund für das Betrachterinteresse und die etwas längere Verweildauer. Das schafft zusammen mit der außergewöhnlichen Bewerbungsform Pluspunkte und führt zur gewünschten Einladung.

Bei diesem Flyer sehen Sie, wie durch die grafische Gestaltung die Aufmerksamkeitswirkung noch erheblich gesteigert werden kann. Dadurch hebt man sich bestimmt von der breiten Masse ab. Aber seien Sie vorsichtig und gestalten Sie Ihren Werbeprospekt nicht mit zu vielen verschiedenen grafischen Mitteln: Weniger ist oft besser als mehr.

Einschätzung: Eine einfallsreiche und ins Auge fallende Gestaltung, die durch eine grafische Akzentuierung erzielt wird. Note: »gut«.

Präsentationsformen

Ihre intensive Vorbereitung hat zu überzeugenden schriftlichen Bewerbungsunterlagen geführt. Nach einer sorgfältigen Durchsicht, ob auch alles beieinander, in der richtigen Reihenfolge und von Ihnen unterschrieben ist, entscheiden Sie, ob Sie die Unterlagen per E-Mail versenden oder per Post – dann müssen jetzt auch noch Verpackung und Versand organisiert werden.

Verpackung

Im Copyshop oder Schreibwarengeschäft finden Sie für die klassische Form edle Mappen aus Papier und Plastik, Klemmschienen und Einlegesysteme (z. B. Thermobindesysteme, Vollmappen, Spiralbindesysteme usw.). Wir möchten Sie vor zu viel Perfektionismus warnen: Eine Einlegemappe, in der jedes Dokument einzeln in Klarsichthüllen präsentiert wird, könnte Ihnen leicht als Zwanghaftigkeit ausgelegt werden. Verzichten Sie auch auf Muster und alle Arten von Gags.

Profis bzw. Bewerber für hoch angesiedelte Posten achten sogar auf das Material ihrer Präsentationsmappen. Glattes Plastik ist verpönt, natürliche Materialien dagegen sind in. Z. B. gibt es inzwischen dank des Ökotrends eine große Auswahl an farbigen und stabilen Pappen.

Versand

Überprüfen Sie nochmals, ob Ihre Unterlagen auch vollständig sind. Dann stecken Sie alles in einen ausreichend großen Umschlag mit verstärktem Papprücken.

Das Anschriftenfeld und Ihr Absender müssen mit der gleichen Sorgfalt behandelt werden wie Ihre Unterlagen. Achten Sie auf Ihre Handschrift und auch wie Sie die Briefmarken kleben.

Wählen Sie keine Post-Sonderzustellung, wie z. B. Einschreiben oder Eilzustellung. Das wirkt zwanghaft und aufdringlich.

Übergabe

Wenn Sie am Ort Ihrer Bewerbung bzw. in der Nähe wohnen, haben Sie eine weitere Möglichkeit, Ihre Unterlagen an den Mann oder die Frau zu bringen: Geben Sie die Bewerbungsunterlagen persönlich ab! Fragen Sie sich im Unternehmen bis zur richtigen Stelle durch. Nutzen Sie die Gelegenheit für einen Small Talk mit der Sekretärin. Das hinterlässt bleibenden Eindruck. Man wird Sie mit Sicherheit nicht so einfach stehen lassen, sondern ein paar freundliche Worte mit Ihnen wechseln. Wenn Sie Glück haben, macht die Sekretärin dem Chef gegenüber eine nette Bemerkung über Ihre Person.

Schriftliche Bewerbungssonderformen: Chiffreanzeige und Kurzbewerbung

Mancher Bewerber fürchtet, sich bei einer Chiffreanzeige unwissentlich bei seinem derzeitigen Arbeitgeber zu bewerben. Um dies zu verhindern, empfiehlt es sich, einen »Sperrvermerk« zu verwenden. Das bedeutet: Die Bewerbungsunterlagen für die Chiffreanzeige kommen in einen doppelten Umschlag. Der erste erhält die Chiffrenummer, den zweiten adressieren Sie zusammen mit einem Begleitschreiben an die Anzeigenabteilung der betreffenden Zeitung. Im Schreiben an die Zeitung bitten Sie darum, die Bewerbungsunterlagen in dem separaten Umschlag nur dann weiterzuleiten, wenn der Anzeigeninserent nicht die Firma XY ist. Andernfalls bitten Sie um Rücksendung mit dem Zusatz »Porto zahlt Empfänger« oder Sie fügen einen frankierten Rückumschlag bei.

Auf Chiffreanzeigen können Sie mit einer Kurzbewerbung antworten (s. S. 118 f.). Die weiteren Unterlagen reichen Sie erst nach, wenn dies ausdrücklich gewünscht ist. Weisen Sie jedoch in Ihrem Anschreiben darauf hin, dass Sie auf Wunsch gern eine ausführliche Bewerbungsmappe einsenden.

Bei Chiffreanzeigen und bei Kurzbewerbungen ist es durchaus üblich, den derzeitigen Arbeitgeber zu umschreiben, statt den konkreten Namen zu nennen. Z. B. schreiben Sie anstelle von »Ich arbeite bei der Optikerfirma Fielmann in Berlin«: »Ich arbeite in der Filiale eines großen deutschen Optiker-Einzelhandelsunternehmens.« Die Kunst besteht bei dieser Variante darin, die derzeitige Tätigkeit möglichst genau zu beschreiben, ohne den aktuellen Arbeitgeber zu benennen.

Denn genauso, wie Unternehmer bisweilen für sich in Anspruch nehmen, zunächst inkognito zu bleiben, so können auch Sie Gleiches geltend machen. Sie sind nicht verpflichtet, sich in dieser ersten Bewerbungphase zu »outen«.

Jeder Bewerber hat ein berechtigtes Interesse, seine Veränderungsabsichten nicht zu früh publik zu machen. Der künftige Arbeitgeber könnte ja den bisherigen Chef anrufen und ihn neugierig fragen: »Wie sind Sie denn mit XY zufrieden?« Sie hätten dann vermutlich an Ihrem Noch-Arbeitsplatz mit Nachteilen zu rechnen. Das lässt sich auf andere Art und Weise verhindern. Den künftigen Chef können Sie von Nachfragen an Ihren derzeitigen Arbeitgeber zurückhalten, indem Sie in Ihrem Schreiben die deutliche Bitte formulieren, alle Angaben strikt vertraulich zu behandeln.

LERNTEST

6. Lerntest: Richtig oder falsch oder …

Welche Aussage ist richtig, welche falsch, welche kann man so nicht ohne Weiteres stehen lassen? Bitte kreuzen Sie **R** oder **F** oder gegebenenfalls auch **?** an.

a) Durch farbiges Schreibpapier kann man sich sehr positiv in der Gestaltung der schriftlichen Bewerbungsunterlagen von anderen Kandidaten unterscheiden.   **R** ☐   **F** ☐   **?** ☐

b) Durch ein zuvor geführtes Telefonat mit dem Empfänger der Bewerbungsunterlagen oder seinem Vertreter kann man seine Bewerbung noch zusätzlich positiv fördern.   **R** ☐   **F** ☐   **?** ☐

c) Durch die persönliche Ab- oder Übergabe der Bewerbungsunterlagen kann man nicht viel erreichen.   **R** ☐   **F** ☐   **?** ☐

Die richtige Lösung finden Sie auf S. 126.

Lösung 5. Lerntest: Lösung: d (eingeschränkt auch Antwort c)

Online-Bewerbung

Immer mehr Unternehmen gehen heute selbstverständlich davon aus, dass Bewerber ihre Unterlagen auf digitalem Weg schicken oder eines der anderen zahlreichen Bewerbertools im Netz nutzen – sei es das Onlineformular, die Bewerberhomepage oder die Präsentation mit PowerPoint. Wie Sie sich auf diese Art der Kommunikation mit einem potenziellen neuen Arbeitgeber einstellen und die verschiedenen Möglichkeiten für Ihren Bewerbungsprozess optimal nutzen, darum geht es jetzt.

Neben der klassischen Bewerbung in Papierform nehmen Online-Bewerbungsverfahren eine immer zentralere Rolle in heutigen Personalauswahlverfahren deutscher Unternehmen ein. Beide Bewerbungsverfahren haben diverse Vor- und Nachteile – sowohl für den Bewerber als auch für den potenziellen Arbeitgeber.

Vorteile ...

... für den Personalentscheider: keine Aktenverwaltung (keine Lagerung bzw. Rücksendung), Unterlagen lassen sich schnell, einfach und parallel an mehrere Mit-Entscheider weiterleiten und standardisierte Online-Bewerbungsformulare ermöglichen eine leichtere Vergleichbarkeit einzelner Kandidaten.

Auch für den Bewerber hat dieses Vorgehen Vorteile: Anlagen werden nur einmal professionell eingescannt, statt Hunderte von Kopien zu machen, es werden keine teuren Mappen benötigt und auch das professionell gemachte Foto ist mehrfach verwendbar.

... und Nachteile

Aber Achtung: Genau die vergleichsweise kostengünstige und einfache Handhabung zieht auch jede Menge »Job-Zocker« an, die ihre vorgefertigten Elaborate quasi als Rund-E-Mail gleich an mehrere potenzielle Arbeitgeber verschicken. Und sie verführt zur Schludrigkeit. Die individuelle Präsentation bleibt schnell auf der Strecke, ebenso der letzte, kritisch prüfende Blick auf die digitalisierten Unterlagen. Mehr als 70 Prozent der Unternehmen müssen feststellen, dass Online-Bewerbungen im Vergleich zu herkömmlichen Mappen von schlechterer Qualität sind.

Beide Bewerbungsverfahren haben diverse Vor- und Nachteile. Die klassische Bewerbung zeigt ihre Stärken im Bereich der Individualisierung und der damit verknüpften Vermittlung eigener Persönlichkeits-

7. Lerntest: Bringen Sie die folgenden Antworten in die richtige Reihenfolge! Das Allerwichtigste zuerst ...

Was bevorzugen Unternehmen heutzutage, wenn es um die Bewerbungsunterlagen geht?

a) eine digitale Bewerbung per E-Mail
b) das Ausfüllen von Online-Bewerbungsformularen
c) eine klassische schriftliche Bewerbung mit Mappe

Die richtige Lösung finden Sie auf S. 129.

Lösung 6. Lerntest:
a) F, Erklärung: Nein, das war mal vor etwa zehn Jahren so, gilt aber nicht mehr heute.
b) R, Erklärung: Unbedingt! Bereiten Sie ein Telefonat jedoch gut vor!
c) F, Erklärung: Bei einer persönlichen Begegnung – sei es mit der Sekretärin oder sogar dem Chef – hinterlassen Sie einen hoffentlich guten Eindruck.

merkmale. Hier hat die Online-Bewerbung einige Nachteile: Vor allem bei formulargestützten Online-abfragen gestaltet sich die Vermittlung persönlicher Eigenschaften anhand der Bewerbungsunterlagen schwierig.

Digitale Bewerbungsunterlagen und -inhalte können aber auch als unterstützendes Hilfsmittel zur klassischen Bewerbung eingesetzt werden.

Wichtig: Bei Bewerbungen über das Internet gilt *mindestens* das gleiche Sorgfaltsprinzip wie beim klassischen Weg auf Papier. Arbeiten Sie genau, recherchieren Sie gründlich und vermeiden Sie technische Fallen. Nur so werden Sie Punkte sammeln und besser sein als viele Ihrer Konkurrenten.

Wir stellen Ihnen hier und auf der beiliegenden CD-ROM folgende Formen der E-Bewerbung näher vor:

- das Bewerben mithilfe von Onlineformularen
- das Hinterlegen von Profilen auf der Firmenhomepage*
- das Absolvieren eines Online-Assessment-Centers (eAC)*
- die Bewerbung mit PowerPoint*
- die eigene Homepage*
- das Bewerben über Video, DVD & Co.*

Die 8 folgenreichsten Versäumnisse im Zusammenhang mit Ihren schriftlichen Bewerbungsaktivitäten

1. Sich nicht des Rates, der Unterstützung durch einen Bewerbungscoach oder sonstigen Profi in diesen Dingen zu bedienen
2. Das Internet zu ignorieren
3. Das Telefon als strategisches Instrument nicht einzusetzen
4. Verzicht auf Initiativbewerbungen
5. Kein aktives Stellengesuch zu schalten
6. Bei allen Aktivitäten nicht oder nur zögerlich auf das eigene Netzwerk zurückzugreifen
7. Aus Fehlern nicht genug zu lernen
8. Sich nicht selbstkritisch und konstruktiv mit sich selbst auseinanderzusetzen

Außerdem geht es noch um das wichtige Thema Sicherheit im Netz (Datenschutz!) und darum, wie Sie sich auch im World Wide Web Ihren exzellenten Ruf bewahren, kurz: um Ihre E-Reputation*. Wir empfehlen auch unsere Spezialbücher *Die überzeugende Selbstpräsentation im WWW* und *Training Online-Bewerbung*.

* auf der CD-ROM

ONLINE-BEWERBUNGSFORMULARE

Ein digitaler Bewerbungsweg führt direkt auf die Homepage der Arbeitgeber. Insbesondere größere Firmen vertrauen zunehmend den Vorteilen einer digitalen, automatischen Kandidatenauswahl und bieten interessierten Bewerbern die Möglichkeit, ihr berufliches Profil direkt auf der Firmenhomepage einzugeben. Das fordert die Bewerber sowohl inhaltlich als auch technisch heraus. Sie werden bei Ihrer Jobsuche auf zwei verschiedene Arten von Onlineformularen stoßen:

1. Einfache Formulare stehen oft »pro forma« auf den Webites. Sie sollen dem interessierten Besucher und eventuellen Bewerber signalisieren, dem Unternehmen ginge es wirtschaftlich so gut, dass es offen für neue Mitarbeiter sei und potenziell expandieren wolle. Das bedeutet nicht, dass tatsächlich Jobs zu vergeben sind. Lassen Sie sich davon nicht verunsichern, sondern suchen Sie wie bei einer Initiativbewerbung Ihre Chance und präsentieren Sie sich möglichst optimal.

2. Komplexe Bewerbungsbögen sind hingegen speziell entwickelt worden und berücksichtigen personalstrategische Gesichtspunkte. Wenn Sie einen solchen Bogen ausfüllen, können Sie sicher sein, dass er auch bearbeitet wird. Ob das voll- oder teilautomatisch geschieht, bleibt offen. Je schneller Sie eine Absage bekommen, desto wahrscheinlicher ist ein automatisches, das heißt computergestütztes Auswahlverfahren, das aufgrund eines oder mehrerer Datenabgleiche und Übereinstimmungen (z. B. Alter, Bildungsabschlüsse, Verweildauer an Arbeitsplätzen) entscheidet, ob Sie für das Unternehmen als potenzieller Mitarbeiter interessant sind oder nicht.

Meine Online-Erfahrungen

Trotz der umständlichen Abläufe habe ich mich kürzlich auf der Homepage eines großen Unternehmens für die Stelle als Physiker beworben. Sorgfältig und mit viel Engagement gab ich ausführlich alle Angaben zu meiner Person, meinen beruflichen Kompetenzen und meinem Ausbildungshintergrund ein. Leider erhielt ich bereits kurze Zeit später eine standardisierte Absage. Ich war enttäuscht, denn ich fühlte mich wirklich sehr gut für die Stelle geeignet. Mit diesem Ergebnis wollte ich mich deshalb nicht abfinden und suchte nach möglichen Ansprechpartnern. Ich recherchierte auf der Firmenseite, in Business Communities und Firmenveröffentlichungen. Am Ende hatte ich eine kleine Rangliste mit Namen von relevanten Personalern und Fachbereichsleitern, die ich für meinen neuen, telefonischen Anlauf verwenden wollte. Über die Homepage fand ich zwar nicht deren direkte Telefonnummern, jedoch allgemeine telefonische Ansprechpartner, denen ich kurz mein Profil vorstellte und dann meinen Gesprächswunsch mit Herrn XY begründete.
Nicht immer hatte ich gleich Erfolg, jedoch habe ich irgendwie am Ende mein Ziel erreicht und erhielt die Chance, mich per Telefon sowie mit traditionellen schriftlichen Unterlagen zu präsentieren. Und ich hatte weiter Glück: Nur wenig später wurde ich zum Vorstellungsgespräch eingeladen und bekam nach einem zusätzlichen Assessment Center – trotz ursprünglicher Ablehnung bei den Onlineformularen – ein Jobangebot.

Das Onlineformular hilft Unternehmen, der Flut an Bewerbungen durch die gezielte Suche Herr zu werden. In ein- bis mehrseitigen Fragebögen werden Qualifikationen, Hobbys und berufliche Erfahrungen per Mausklick abgefragt. In Textfeldern haben Sie als Bewerber die Chance, sich persönlich zu Ihrer Motivation und zu anderen Themen zu äußern. Viele Unternehmen stellen der eigentlichen Bewerbung im Internet eine Registrierung mit oder ohne Passwort voran. Bewerber hinterlegen sozusagen ein Profil ihrer Person und können es mit dem Passwort jederzeit bearbeiten.

Übrigens: Bei Bewerbungsformularen von größeren Konzernen werden die Bewerbungen oftmals in einem Kandidatenpool gespeichert, auf den auch andere mit dem Konzern verbundene Firmen Zugriff haben. Dies steigert dann Ihre generellen Chancen, ein Angebot zu erhalten, selbst wenn es mit dem eigentlichen Traumjob bei der Wunschfirma nicht auf Anhieb klappt.

Tipps

- Bewerben Sie sich nur dann auf diesem Weg, wenn Sie den Eindruck haben, dass die Firma ernsthaft an Ihrer Bewerbung interessiert ist. Ein sicheres Zeichen dafür ist eine Annonce, die direkt mit einem Onlineformular verknüpft ist.
- Lassen Sie sich auf keinen Fall von der Fülle der Eingabeformulare abschrecken. Auch wenn die verlangten Informationen nahezu endlos erscheinen, so müssen Sie diese Fleißaufgabe absolvieren. Natürlich macht auch hierbei Übung den Meister und Sie werden sehen, dass Onlineformulare für Sie bald kein großes Hindernis mehr darstellen.
- Sie kennen das Phänomen: Es gibt verständliche Computerprogramme und leider auch unglaublich komplizierte Anwendungen. Dies gilt in gleicher Weise für Onlineformulare auf Firmenhomepages. Lesen Sie sich deshalb alle vorhandenen Hilfetexte und Erläuterungen genau durch. Gute Onlineformulare erklären spezielle Fachbegriffe und geben Beispiele, was unter bestimmten Abstufungen, z. B. guten Fremdsprachenkenntnissen, zu verstehen ist.

Hürden

Bei dieser Bewerbungsform wird inhaltlich kaum mehr als bei einer traditionellen Bewerbung verlangt. Wenn überhaupt, so liegt die Schwierigkeit in der technisch ungewohnten, ja teilweise umständlichen Dateneingabe. Beispielsweise gestaltet sich der Registrierungsprozess oftmals kompliziert und nimmt unerwartet viel Zeit in Anspruch. Bei manchen Firmen muss der Bewerber auch erst einmal warten, bis das notwendige Zugangspasswort per E-Mail zugeschickt wird. In den meisten Fällen ist das Akzeptieren einer Datenschutzerklärung eine notwendige Voraussetzung, um überhaupt zu den eigentlichen Bewerbungsformularen zu gelangen. Diese können übrigens direkt von der jeweiligen Firma installiert sein oder über einen Link zu einer Stellenbörse führen, die dann die Bewerberauswahl für die Firma übernimmt.

Tipp: Eines der größten Probleme scheint für viele Bewerber die lückenlose Darstellung ihres beruflichen Werdegangs, insbesondere dann, wenn es Zeiten der Arbeitslosigkeit gegeben hat. Hier gilt folgende Empfehlung: Schreiben Sie möglichst nie Worte wie: arbeitslos, Arbeit suchend o. Ä. Es könnte sein, dass das Computerprogramm Sie daraufhin ganz schnell »aussortiert«. Wir empfehlen eher eine Formulierung in Richtung: Familienphase, außerberufliche Fortbildung, Pflegezeit o. Ä. Sind Sie erst einmal zu einem Vorstellungsgespräch eingeladen, lassen sich diese Zeiten ganz anders vermitteln.

Warum muss man Bewerberformulare überhaupt nutzen?

Besonders die großen Konzerne drängen geradezu auf die Nutzung der aufwendig installierten Bewerberformulare oder bieten überhaupt keine andere Bewerbungsmöglichkeit mehr an. Als Gründe für diese automatisierten Prozesse werden Zeit-, Kosten- und Platzersparnis genannt.

Natürlich ist es empfehlenswert, sich an diesen Richtlinien zu orientieren. Gleichzeitig haben standardisierte Auswahlverfahren stets den Nachteil, dass die Individualität des Bewerbers eher unter den Tisch fällt. Versuchen Sie deshalb im Anschreiben, im angefügten Lebenslauf sowie den freien Textfeldern Ihr Profil möglichst eigenständig zu präsentieren. Außerdem empfehlen wir Ihnen, weitere Kontakte zur Firma zu suchen; also möglichst auch Ansprechpartner für eine direkte Bewerbung zu finden. Hierzu sollten Sie nicht nur die Business Communities im Internet nutzen, sondern sich auch im realen Leben, auf Firmen- und Branchenmessen, persönlich vorstellen. Eine weitere Chance ist nach wie vor der direkte Kontakt per Telefon. Grundlage ist auch hier ein klares Kommunikationsziel, z. B. die verbal überzeugende Vorstellung als neuer Vertriebsmitarbeiter, der sich ausführlich mit der Firmenhomepage, dem Unternehmen und Branchenumfeld beschäftigt hat und im Rahmen seiner Bewerbung beispielsweise eine neue Idee für ein Großkundenprojekt präsentieren möchte.

8. Lerntest: Richtig oder falsch oder ...

Welche Aussage ist richtig, welche falsch, welche kann man so nicht ohne Weiteres stehen lassen? Bitte kreuzen Sie **R** oder **F** oder gegebenenfalls auch **?** an.

a) Eine Onlineformular-Bewerbung gibt einem nur wenig Spielraum, seine Persönlichkeit angemessen zu vermitteln.   R ☐   F ☐   ? ☐

b) Die Bedeutung des Internets für Stellensuche und Bewerbung ist nicht hoch genug einzuschätzen.   R ☐   F ☐   ? ☐

c) Wenn man seine Ausbildungs- und Arbeitszeugnisse digital verschickt, dann bitte jedes einzeln in einer eigenen PDF-Datei.   R ☐   F ☐   ? ☐

Die richtige Lösung finden Sie auf S. 134.

Lösung 7. Lerntest: An erster Stelle a), ganz dicht gefolgt von b) und dann mit etwas Abstand c).

WORAUF SIE BEI ONLINEFORMULAREN ACHTEN MÜSSEN

Abfragefeld	Bemerkung	Tipps und Tricks
E-Mail-Adresse	Bitte achten Sie auf die korrekte Schreibweise Ihrer E-Mail-Adresse.	Eine seriöse E-Mail-Adresse hinterlässt einen besseren Eindruck als »schnucki24@flirtfever.de«. Kostenlose, seriöse E-Mail-Adressen bekommen Sie z. B. bei: www.gmail.de, www.web.de, www.gmx.de, www.live.com.
Passwort	Bitte wählen Sie ein sicheres Passwort mit mindestens 8 Zeichen. Darunter sollten mindestens 2 Sonderzeichen vertreten sein.	Benutzen Sie ein spezifisches Passwort für den Bewerbungsvorgang wie z. B. Bewerbungen$MaxMU67ß. So verhindern Sie, dass Ihr Gegenüber ein Passwort erhält, das ihm eventuell den Zugang zu Ihrem E-Mail-Account ermöglicht.
Telefon mit Vorwahl Handy E-Mail	Sie entscheiden wohlüberlegt, über welches Medium die Kontaktaufnahme erfolgen soll.	Bitte niemals Ihre Büro-/Geschäftsadresse bzw. -Telefonverbindung angeben!
Warum bewerben Sie sich?	Nicht offen lassen, aber auch keinen »Blödsinn« schreiben – z. B. auch nicht, dass Sie noch etwas lernen wollen ...	Das Zauberwort: intrinsische Motivation. Sie wollen es sich und anderen beweisen, suchen neue Herausforderungen etc.

Abfragefeld	Bemerkung	Tipps und Tricks
Für welche Aufgaben-bereiche bewerben Sie sich?	Je nach Ausgangslage: sehr präzise benennen oder eher relativ offen, jedoch nicht beliebig beantworten.	Unbedingt vorab über diese wichtige Frage nachdenken, ggf. einen Bereich benennen und gleichzeitig Offenheit für andere Auf-gaben signalisieren.
Welche Position/ Verantwortung streben Sie an?	Ggf. ist das vorher schon klar, wenn nicht: Haben Sie keine Angst, sich zu positionieren! Bereitschaft zur Verant-wortungsübernahme signalisieren.	Sie sollten nicht gleich den Chefsessel anstreben. Jedoch: Ehrgeiz in Maßen, insbesondere wachsende Verantwortungs-übernahme ist ein positives Zeichen!
Ihr gewünschter Einsatzort	Oftmals bereits klar vorgegeben, Vorsicht bei Fantasievorschlägen!	Verdeutlichen Sie zunächst, möglichst ortsungebunden zu sein, ansonsten ist Ihre zweite Präferenz ein Ort Ihrer Wahl. Wichtig ist zunächst nicht, wo Sie arbeiten wollen, sondern dass Sie eingeladen werden!
Ihr frühester Eintrittstermin	Nicht zu schnell zur Verfügung stehen, das ist kontraproduktiv. Aber auch nicht später als in 6 Monaten, wobei das schon ein sehr langer Wartezeitraum wäre ...	Signalisieren Sie, dass man über das Eintrittsdatum mit Ihnen verhandeln kann. Sie sind doch flexibel!
Ausbildung als ... Weitere Ausbildungen Ausbildungsabschluss Weitere Ausbildungs-abschlüsse	Fangen Sie nicht bei Adam und Eva an, also: Vor 30 Jahren lernte ich ...	Hier setzen Sie Prioritäten und vermitteln, dass Sie wissen, was wirklich zählt, worauf es in dem möglichen Job ankommt!
Berufliche Fortbildungen	Chronologisch rückwärts auflisten, evtl. nur über die letzten 5 Jahre.	Denken Sie auch an Messen und Fachtagun-gen, berufliche Interessengruppierungen, denen Sie angehören bzw. an denen Sie teilge-nommen haben (Austausch), Fachliteratur etc.
Berufliche Tätig-keit aktuell Aufgabenschwerpunkt Ergebnisse	Insbesondere der letzte und der vorletzte Job mit Ihren Aufgaben und Verantwortungen sind hier wichtig.	Unbedingt vorab über diese wichtigen Fragen nachdenken und Material sammeln. Hier werden Weichen gestellt. Jeder dieser 3 Punkte muss ganz sorgfältig beantwortet werden. Also vorab in Ruhe, nicht spontan!
Warum wollen Sie Ihre Tätigkeit wechseln/ Ihr Unternehmen ver-lassen?	Wichtig: präsentable Begründung, nicht klagen oder aus dem Nähkästchen plaudern. Und bloß keine Verzweiflung durchblicken lassen!	Weiterkommen, Ambitionen haben, Ehrgeiz in Maßen – das sind immer die richtigen Stichworte!
Arbeitszeugnis vorhanden	Prinzipiell immer ja – selbst dann, wenn Sie momentan noch keines haben!	Vorhandene Arbeitszeugnisse checken lassen und gelegentlich um ein Zwischenzeugnis bitten (etwa alle 2 – 3 Jahre).
Besondere Kenntnisse	Wunderbare Chance, Zusatzqualifika-tionen darzustellen.	Wer hier etwas anzubieten hat, kann Punkte sammeln! Dabei sollten Sie weder über- noch untertreiben!
Sprachen EDV	Unbedingt angeben! Nicht mit den Kenntnissen prahlen/übertreiben, aber auch nicht zu selbstkritisch sein!	Unbedingt ausfüllen und Punkte sammeln! Z. B. bei »Englisch« »verhandlungssicher« oder »Französisch« »Zweitmuttersprache«, wenn Sie bilingual aufgewachsen sind.
Führerschein Sonstige relevante Kenntnisse	Alle Klassen sind wichtig. Es reichen die Oberklassen, also bei BE nicht auch noch B, M, L angeben. C1E, B, A wäre z. B. genau auf den Punkt gebracht. Denken Sie an die sonstigen Kenntnisse, die Sie beruflich einsetzen könnten.	Führerschein/Auto stehen in den Augen mancher Personaler für Ihr Selbst und lassen Rückschlüsse auf Ihren Wesenskern zu!
Ehrenamtliches Engagement Hobbys	Alles kann für Sie und Ihre Wesensart sprechen.	Hier geht es um Ihre Persönlichkeit, die Sie gut darstellen sollten, um Sympathiepunkte zu sammeln.
Weitere Bemerkungen/ Mitteilungen	Bringen Sie hier unbedingt (ggf. nochmals, dann in anderen Worten) Ihre Botschaften rüber!	Es ist lohnenswert, sich vorab Gedanken zu machen und das Kommunikationsziel, die daraus abgeleiteten Botschaften und – für eine persönliche Begegnung – Ihre Argumente zu formulieren!

BEISPIEL: ONLINEFORMULAR

Persönliche Daten

Anrede	[▼]	Titel	[▼]
Familienname	[ ]	Vorname	[ ]
Geburtsdatum	[1 ▼] [1 ▼] [1980 ▼]	Geburtsort	[ ]
Geburtsland	[▼]	Staatsangehörigkeit	[▼]

Anschrift Straße [ ]

Anschrift PLZ	[ ]	Anschrift Ort	[ ]
Telefon mit Vorwahl	[ ]	Handy	[ ]

E-Mail [ ]

Warum bewerben Sie sich?

Nicht ganz einfach! Bitte nicht: »Sie suchen doch ...«
Schreiben Sie besser von einer »neuen Herausforderung«,
»einen wichtigen Beitrag leisten zu wollen« etc.

Für welche Aufgabenbereiche bewerben Sie sich? [▼]
Welche Position/Verantwortung streben Sie an? [▼]
Ihr gewünschter Einsatzort [ ]
Ihr frühester Einsatztermin [1 ▼] [1 ▼] [2015 ▼]

Ausbildung als [ ]
Weitere Ausbildungen

Ggf., wenn nichts anderes vorhanden, auch »Einarbeitung und Praxis in ...«

Ausbildungsabschluss [ ]
Weitere Ausbildungsabschlüsse

Hier können Sie u. a. auch kleine Fortbildungskurse aufführen wie »Reklamationsbeauftragter«,
»...Prüfer für ...«, »Ausbilderlizenz«, »Haarstylist für XY-Produkte ...« etc.

Berufliche Fortbildung

Jeder Messebesuch, Kollegenaustausch (Stammtisch), jedes Fachmagazin finden hier Platz, wenn Sie nicht Besseres zu berichten haben.

Schulabschluss [▼]

Weiterführende Bildungsabschlüsse [▼]

Berufliche Tätigkeit aktuell

Ganz wichtig: Überlegen Sie sich hier unbedingt etwas Ordentliches ...

Aufgabenschwerpunkt

... Aber vorher genau überlegen ...

Ergebnisse

... Formulieren Sie ausführlich und nicht zu knapp!

Warum wollen Sie Ihre Tätigkeit wechseln / Ihr Unternehmen verlassen?

Unbedingt ausfüllen und gut argumentieren! Aber bitte nicht so: »... Der Chef kann mich nicht leiden und ich verstehe mich nicht mit den Kollegen ...«

Arbeitszeugnis vorhanden [Ja ▼]

Frühere berufliche Tätigkeiten

Ihre Selbstdarstellung: Kompetenzen, Geleistetes, berufliche und persönliche Weiterentwicklung

Aufgabenschwerpunkt

Ergebnisse

Wechselmotiv

Arbeitszeugnis vorhanden [Ja ▼]

(evtl. mehrmals auszufüllen, je nach Anzahl früherer Arbeitsverhältnisse)

Besondere Kenntnisse

> *Wenn schon nicht alle Felder ausgefüllt sind, dann doch aber die meisten.*
> *Mit etwas Überlegung (und Fantasie) dürfte das für Sie gar nicht so schwer sein ...*

Sprachen

> *... z. B. bei Sprachen: wenigstens Schul-Englisch! ...*

EDV

> *... Seien Sie nicht zu selbstkritisch! Das hier ist dafür nicht der richtige Ort ...*

Führerschein   [A ▼]

Sonstige relevante Kenntnisse

> *... Sie sollen / wollen eingeladen werden, und die Texte liest zunächst ja nur der Computer!*
> *Gefühlsneutral!*

Ehrenamtliches Engagement

> *Erwähnenswert sind das Engagement für Ihre alte Nachbarin, die Mithilfe in einem Verein*
> *(Sport, Musik etc.), auch wenn Sie nicht reguläres Mitglied sind. Nachdenken hilft!*

Hobbys

> *Ja nicht auslassen oder »keine« hinschreiben. Sport, Musik, Gartenarbeit,*
> *wenn Ihnen nichts Besseres einfallen sollte.*

Weitere Bemerkungen / Mitteilungen

> *Das ist Ihre große Chance! Natürlich haben Sie noch die eine oder andere wichtige Botschaft.*
> *Und wenn Ihnen gerade überhaupt nichts einfallen will, dann: »Meine Kollegen schätzen an mir ...«,*
> *»Mein Vorgesetzter lobte micht neulich für ...«, »Unsere Kunden wissen, in mir haben sie eine/-n ...«*

9. Lerntest: Bringen Sie die folgenden Antworten in die richtige Reihenfolge! Das Allerwichtigste zuerst ...

Was ist bei Online-Bewerbungen insbesondere zu berücksichtigen?

a) der Austausch mit anderen Bewerbern
b) die Suche auf virtuellen Arbeitsmärkten
c) die Suche nach den Stellenangeboten der Zeitungen
d) die Suche nach Informationen über Arbeitgeber
e) die Suche nach Stellenangeboten auf den Seiten der Firmen
f) die digitale Kontaktaufnahme

Die richtige Lösung finden Sie auf S. 136.

Lösung 8. Lerntest:

a) R, Erklärung: Stimmt, aber gerade deshalb muss man sich besonders bemühen!
b) R, Erklärung: Keine Frage!
c) F, Erklärung: Nein, jedes Zeugnis als Einzeldokument wäre für den Empfänger eine Zumutung!

Variationen

Manche Unternehmen bieten ihren Bewerbern an, das Formular Stück für Stück zu bearbeiten, indem sie eine Zwischenspeicherfunktion eingebaut haben; bei anderen Firmen muss der Bewerber das Formular in einem Zug bis zum Ende ausfüllen, weil bereits eingegebene Daten nach einer Unterbrechung ungültig werden. Andere, vorzugsweise die großen Unternehmen, haben bisweilen einen eigenen Bewerbungsassistenten, der beispielsweise die Vorschau auf das Formular ermöglicht und Schritt für Schritt die Bearbeitung erklärt. Dort finden sich meistens auch Begründungen, weswegen das Unternehmen eine Online-Bewerbung bevorzugt.

Praktisch ist es, wenn man am Ende nochmals die Möglichkeit hat, sämtliche Eingaben im Überblick gegenzulesen. Eine weitere sinnvolle Option ist die Chance, zu einem späteren Zeitpunkt bestimmte Aspekte im Lebenslauf zu verändern bzw. zu aktualisieren. Gerade wenn man beabsichtigt, ein Profil für längere Zeit bei einer Firma zu hinterlegen, können so zusätzliche Lehrgänge oder Projekterfahrungen einfach und unkompliziert ergänzt werden.

Leider spielen die Firmen bei der Kandidatenauswahl nicht mit offenen Karten, weshalb die Filter- bzw. Rasterkriterien zur automatischen Be-

werbereinstufung stets Firmengeheimnis bleiben. Hier kann man lediglich spekulieren; z. B. wenn besonders häufig Fragen zum Thema Teamfähigkeit oder zu bestimmten fachlichen Kenntnissen gestellt werden.

Wichtig für Sie: Lassen Sie sich nicht irritieren, sondern versuchen Sie, die Eingabefelder möglichst präzise auszufüllen und prägnante, aussagefähige Informationen zum eigenen Profil einzugeben.

Die optimale Form

Vergessen Sie auf keinen Fall vor dem endgültigen Versand Ihrer Texte eine Rechtschreibprüfung durchzuführen. Kopieren Sie Ihre Formulierungen einfach in ein entsprechendes Textverarbeitungsprogramm und starten Sie die automatische Prüfung. Des Weiteren sollten Sie beim Versand von Anhängen stets die vorgegebenen technischen Parameter beachten. Hierzu gehören: Anzahl der Dokumente, Größe der Dateien sowie vorgeschriebene Formate. Speichern Sie auch alle wichtigen Texte sowie die verschickten Dokumente für sich selbst ab. Dies gibt Ihnen die Möglichkeit, die gemachten Angaben vor einem Vorstellungsgespräch nochmals durchzugehen und sich einzuprägen.

Testlauf

Wir raten Ihnen beim Ausfüllen eines Onlineformulars unbedingt zu einer Art Probedurchlauf. Wenn Sie wirklich auf Nummer sicher gehen wollen, so spricht nichts dagegen, mit fiktiven Angaben die Onlineformulare zunächst einmal einzusehen, um dann beim erneuten Versuch mit korrekt ausgefüllten Feldern Ihre Bewerbung auf den Weg zu geben.

Die Grenzen des Verfahrens

Leider kann dieses automatisierte Auswahlverfahren auch trotz bester Vorbereitung und Durchführung sehr ungerecht sein. Manche Firmen verwenden als Auswahlkriterium die Durchschnittsstudiendauer oder ein bestimmtes Alter des Bewerbers. Haben Sie beispielsweise BWL oder Maschinenbau studiert und wegen verschiedener Praktika und Auslandsaufenthalte 14 anstatt nur 9 Semester gebraucht, oder sind Sie nach Studienabschluss bereits 29 Jahre alt, dann sortiert das standardisierte Computerauswahlprogramm Sie womöglich sofort aus. Postwendend werden Sie per E-Mail informiert, dass man Ihnen leider kein passendes Angebot machen kann. Wenn Sie eine ungerechte Behandlung dieser Art vermuten und Sie trotzdem an dem ausgeschriebenen Job interessiert sind, so hilft nur eins: Versuchen Sie, sich auf herkömmlichen Bewerbungswegen vorzustellen. Wenn Sie z. B. keinen lückenlosen Lebenslauf haben, aber über handfestes Know-how in der entsprechenden Branche verfügen, wählen Sie besser die klassische Variante per Post. So haben Sie mehr Möglichkeiten, Ihre Fähigkeiten kreativ zu präsentieren und Lücken zu überdecken.

Welche Erfahrungen Bewerber bei der Kontaktaufnahme zu bekannten Unternehmen im Netz gemacht haben und wie sie die einzelnen Onlineformulare bewerten, finden Sie auf der CD-ROM.

Resümee

Man kann sich des Eindrucks kaum erwehren: Die von vielen Unternehmen vorgeschaltete formulargesteuerte Personalauslese wirkt eher »vermeidend«, ja, man könnte meinen, sie soll hauptsächlich Bewerbungskandidaten abschrecken, entmutigen, aussortieren. So zumindest eine Sicht auf die aktuell praktizierten Auswahlverfahren. Natürlich stellt es ein Problem dar, wenn sich bei namhaften Unternehmen täglich bis zu 1.000 Bewerber initiativ bewerben. Wie soll man damit als Personaler klarkommen?

Andererseits: Uns sind zahlreiche Fälle bekannt, in denen sich hoch qualifizierte Bewerber der Tortur dieses Kontaktsystems unterzogen haben, um wenige Stunden, bisweilen auch erst nach ein, zwei Tagen eine freundliche Nein-Danke-Absage zu erhalten. Ein Teil dieser Bewerber hat es dann auf anderen Wegen versucht und tatsächlich auch geschafft, sich vorzustellen, zu überzeugen und arbeitet heute für ein solches Unternehmen, das zuvor per Computer kein Interesse gezeigt hatte. Andere Kandidaten entschieden sich für einen Arbeitsplatz, den sie nicht durch Onlineformularsysteme für sich gewinnen mussten.

Schreiben, auch nachdem man vorgesprochen hat

Das Vorstellungsgespräch lief zu meiner Zufriedenheit und doch hatte ich den starken Wunsch, irgendwie noch etwas zu tun, um ganz deutlich mein starkes Interesse an dem Job zu bekunden. Da las ich von der Möglichkeit, einen Nachfassbrief nach dem Vorstellungsgespräch zu schreiben. Kein Problem, dachte ich, und  *setzte mich hin und schrieb. Dieses 10-Zeilen-Schreiben kostete mich etwa 8 Stunden Arbeit und ganz schön viel Schweiß. Puh, damit hatte ich nicht gerechnet, aber ... in der Konsequenz erhielt ich am nächsten Tag den Anruf meines Gesprächspartners, der mir signalisierte, ich sei sein Favorit. Na, da hat sich doch das Feilen am Text gelohnt!*

Erfolgsbeispiel

In dieser Trainingsmappe haben Sie erfolgreiche (und weniger erfolgreiche) Beispiele für Bewerbungsunterlagen gesehen, die praktisch verdeutlichen, was wir Ihnen vermittelt haben.

Der Eindruck einer realen Bewerbungsmappe kann auf den Buchseiten natürlich nur fragmentarisch wiedergegeben werden. Bindungssystem, Deckel, Rücken, Papiersorte und -farbe sowie die Zeugnisunterlagen fehlen. Vorder- und Rückseite sind lediglich aus Platzgründen bedruckt. In der Realität wird die Rückseite immer frei bleiben (Ausnahmen bestätigen die Regel).

Selbst wenn die Beispiele in diesem Buch weitgehend für sich sprechen, haben wir jeweils einen kurzen Kommentar beigefügt, um problematische wie besonders gelungene Passagen zu würdigen.

Selbstverständlich sind die gezeigten Beispiele erfolgreich in der realen Bewerbungspraxis eingesetzt worden. Gleichwohl mussten wir Personen, Daten, Orte, Arbeitgeber, Ausbildungsgänge, Berufstätigkeiten, Zeiten etc. chiffrieren. Ähnlichkeiten mit realen Personen wären also rein zufällig. Sollten Sie detektivisch auf gewisse »Ungereimtheiten« stoßen, bitten wir um Verständnis. Diese erklären sich aus den eben genannten Gründen.

Im Wesentlichen geht es uns bei den dargestellten Beispielen darum, Ihnen zu zeigen, welche Palette an Darstellungsmöglichkeiten Sie bei der Gestaltung Ihrer Bewerbungsmappe haben.

Warnen möchten wir Sie allerdings davor, der Versuchung anheimzufallen, einfach nur die verwendeten Formulierungen abzuschreiben. Sie sollten sich in jedem Fall der sicherlich zeitaufwendigen Aufgabe stellen, eine eigene (Werbe-)Botschaft zu formulieren und dabei Ihren eigenen, ganz persönlichen Stil zu entwickeln. Die für die Ausarbeitung einer solchen Bewerbung durchschnittlich benötigte Zeit liegt bei etwa 30 bis 40 Stunden. In unserem *Büro für Berufsstrategie* haben wir die Bewerber in der Entwicklung und Realisation etwa drei bis vier Stunden beraten. Meistens waren drei größere Korrekturgänge notwendig.

Auf den folgenden Seiten sehen Sie noch einmal ein gutes, erfolgreiches Beispiel für Bewerbungsunterlagen in zwei Varianten: per E-Mail verschickt oder klassisch auf Papier und per Post.

LERNTEST

10. Lerntest: Ihr Wissensstand über die schriftliche Bewerbung

(Achtung! Es können auch mehrere Antworten richtig sein.)

Am Samstagvormittag klingelt Ihr Telefon
und der Personalbeauftragte eines Unternehmens, bei dem Sie sich vor zwei Wochen beworben haben,
ist dran und fragt, ob Sie jetzt Zeit hätten, mit ihm zu telefonieren. Worauf kommt es nun an?

a) die Nerven zu behalten
b) sich die Überraschung nicht anmerken zu lassen
c) den geplanten Lebensmittel-Wocheneinkauf zu verschieben
d) eine Ausrede zu erfinden, warum es jetzt gerade leider nicht gut geht
e) für Ruhe in Ihrer Umgebung zu sorgen, damit Sie ungestört telefonieren können
f) Ihre Bewerbungsunterlagen in greifbarer Nähe zu haben

Die richtige Lösung finden Sie auf S. 144.

Lösung 9. Lerntest: e, f (eingeschränkt auch die Antworten a und b)

Testen Sie Ihr Wissen. Auf der CD-ROM finden Sie weitere Lerntests.

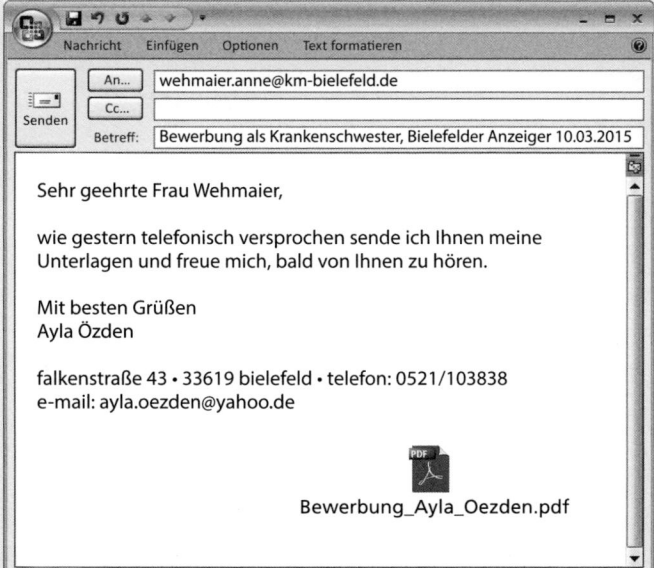

Variante 1

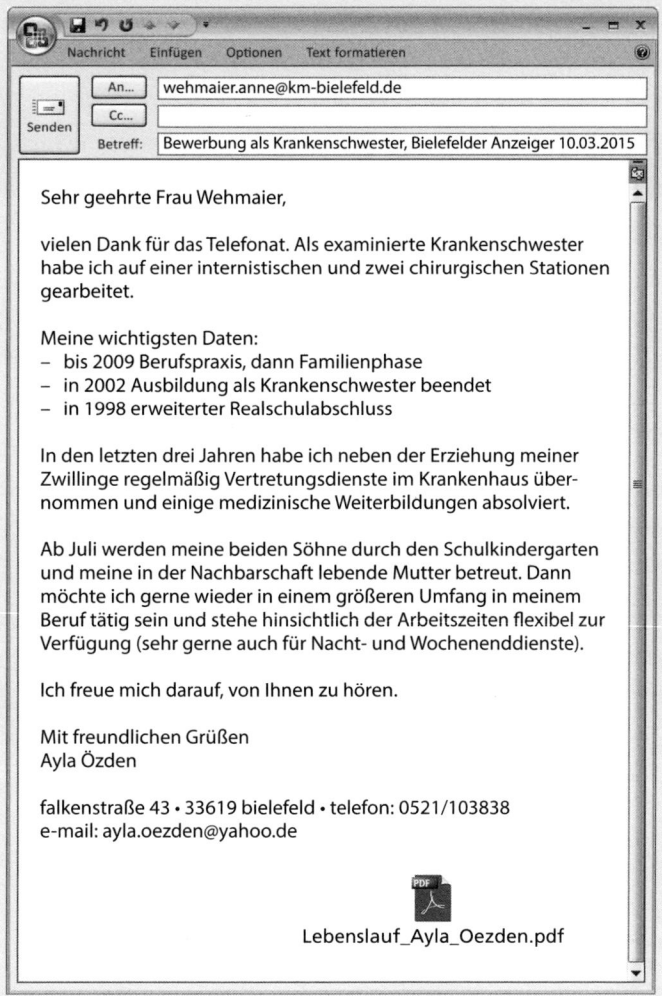

Variante 2

Ayla Özden / E-Mail-Varianten (Kommentar Seite 143)

Ayla Özden
Krankenschwester

---

falkenstraße 43 ▪ 33619 bielefeld ▪ telefon: 0521 / 103838
e-mail: ayla.oezden@yahoo.de

Klinikum Mitte
Pflegedienstleitung
Frau Anne Wehmaier
Friedrichstraße 1
33609 Bielefeld

Bielefeld, 11.03.2015

B e w e r b u n g   a l s   K r a n k e n s c h w e s t e r
Ihre Stellenanzeige im Bielefelder Anzeiger vom 10.03.2015

Sehr geehrte Frau Wehmaier,

vielen Dank, dass Sie sich gestern die Zeit für ein ausführliches Telefongespräch mit mir genommen haben. Es hat mich in dem Wunsch bestärkt, für Sie zu arbeiten. Anbei sende ich Ihnen nun – wie gewünscht – meine Bewerbungsunterlagen für Ihre ausgeschriebene Teilzeitstelle zu.

Als examinierte Krankenschwester war ich bereits in zwei Krankenhäusern beschäftigt und habe Berufserfahrung auf einer internistischen und zwei chirurgischen Stationen gesammelt.

Während dieser Tätigkeiten habe ich mich immer durch großes Verantwortungsbewusstsein und eine sorgfältige Arbeitsweise ausgezeichnet. Zudem konnte ich an vielen stressigen Tagen und bei Notfällen zeigen, dass ich auch in schwierigen Situationen den Überblick behalte und ruhig und besonnen handle.

In den letzten drei Jahren habe ich neben der Erziehung meiner Zwillinge regelmäßig Vertretungsdienste im Krankenhaus übernommen und einige medizinische Weiterbildungen absolviert.

Ab Juli werden meine beiden Söhne durch den Schulkindergarten und meine in der Nachbarschaft lebende Mutter betreut. Dann möchte ich gerne wieder in einem größeren Umfang in meinem Beruf tätig sein und stehe hinsichtlich der Arbeitszeiten flexibel zur Verfügung (sehr gerne auch für Nacht- und Wochenenddienste).

Ich freue mich darauf, von Ihnen zu hören, und stelle mich gerne persönlich vor.

Mit freundlichen Grüßen

Ayla Özden

Anlagen

Ayla Özden / Anschreiben (Kommentar Seite 143)

Ayla Özden
Krankenschwester

falkenstraße 43 ▪ 33619 bielefeld ▪ telefon: 0521 / 103838
e-mail: ayla.oezden@yahoo.de

Bewerbung als Krankenschwester

Geboren am 18. Februar 1980 in Ankara (Türkei)

Deutsche Staatsangehörigkeit

Verheiratet, 2 Söhne im Alter von 5 Jahren

Ayla Özden / Deckblatt (Kommentar Seite 143)

Ayla Özden
Krankenschwester

---

falkenstraße 43 ▪ 33619 bielefeld ▪ telefon: 0521 / 103838
e-mail: ayla.oezden@yahoo.de

Lebenslauf

Berufspraxis

04.2009 – heute	Familienphase; in dieser Zeit:
	• **Krankenschwester** im Krankenhaus St. Matthäus, Bielefeld (Urlaubs- und Krankheitsvertretung auf der chirurgischen und der internistischen Station)
	• **Weiterbildungen im medizinischen Bereich:** s. u.
04.2004 – 04.2009	**Krankenschwester** im Marienhospital, Gütersloh
	• Einsatz auf der chirurgischen Station
	– Behandlungspflege (Planung, Durchführung, Dokumentation)
	– Ausführung ärztlicher Verordnungen (z. B. Verabreichung von Medikamenten)
	– Durchführung von Transfusionen, Blutentnahmen, Spülungen
	– Hilfe bei Notfällen
	– Vorbereitung der Patienten für diagnostische, therapeutische und operative Maßnahmen
	– Ermittlung der Patientendaten (Puls, Blutdruck, Temperatur usw.)
	– Wundversorgung
06.2002 – 03.2004	**Krankenschwester** im Krankenhaus St. Matthäus, Bielefeld
	• Einsatz auf der internistischen Station
	– s. o.
08.1998 – 04.1999	**Aushilfskraft im Einzelhandel** bei Galeria-Kaufhof, Bielefeld und Ausbildungsplatzsuche

Berufsausbildung

04.1999 – 04.2002	**Krankenpflegeausbildung** im Marienhospital, Gütersloh Abschluss mit Examen

Schulausbildung

1997 – 1998	**Erweiterter Realschulabschluss** an der einjährigen Berufsfachschule Sozialpflege, Bielefeld
1997	Hauptschule Innenstadt, Bielefeld **Realschulabschluss**

Ayla Özden / Lebenslauf (Kommentar Seite 143)

Ayla Özden
Krankenschwester

falkenstraße 43 ▪ 33619 bielefeld ▪ telefon: 0521 / 103838
e-mail: ayla.oezden@yahoo.de

Weiterbildung

2012	Notfallmedizin St. Elisabeth-Hospital, Bielefeld
2011	Krankenhaus-Hygiene Evangelisches Krankenhaus, Bielefeld
2010	Palliative Pflege St. Elisabeth-Hospital, Bielefeld
2007	EDV-Aufbaukurs: MS-Word, Excel, Access PC-Schmiede Wagner, Gütersloh
2005	Pflegeplanung und -dokumentation Klinikum Gütersloh

Kenntnisse und Interessen

Ehrenamt	02.2009 – 03.2012 Sportverein Kirchdornberg Leitung der Jugendgruppe Turnen und Schwimmen
Sprachen	Deutsch und Türkisch (fließend in Wort und Schrift)
EDV-Kenntnisse	Word und PowerPoint (sehr gut), Excel und Access (gut)
Führerschein	Klasse B, Auto vorhanden
Hobbys	Fitness, Schwimmen, Lesen

Bielefeld, 11.03.2015

Ayla Özden

Ayla Özden / Lebenslauf (Kommentar Seite 143)

Ayla Özden
Krankenschwester

falkenstraße 43 ▪ 33619 bielefeld ▪ telefon: 0521 / 103838
e-mail: ayla.oezden@yahoo.de

Anlagenverzeichnis

Zeugnisse

Arbeitszeugnis: Marienhospital, Gütersloh

Arbeitszeugnis: Krankenhaus St. Matthäus, Bielefeld

Arbeitszeugnis: Galeria-Kaufhof, Bielefeld

Ausbildungszeugnis: Marienhospital, Gütersloh

Zertifikate

Pflegeplanung und -dokumentation

EDV-Aufbaukurs: MS-Word, Excel, Access

Palliative Pflege

Krankenhaus-Hygiene

Notfallmedizin

Ayla Özden / Anlagenverzeichnis (Kommentar Seite 143)

ZU DEN UNTERLAGEN VON AYLA ÖZDEN

Wie wirkt diese Bewerbung auf Sie?

Die **1. Variante des Mail-Anschreibens** ist kurz und bündig. Ihr folgt ein Anhang bestehend aus Anschreiben und Lebenslauf. Die **2. Variante des Mail-Anschreibens** ist sehr viel ausführlicher und ersetzt das Anschreiben im Anhang; dort findet sich dann nur der Lebenslauf.

Im **Anhang** zeigt sich ein sehr ansprechendes, gelungenes Layout mit sehr schönem Briefkopf, der im Sinne einer Corporate Identity immer oben alle Seiten ziert. Unter dem Namen findet man hier gleich die Berufsbezeichnung, ein Zeichen für die hohe Identifikation der Kandidatin mit dem, was sie beruflich leistet!

Im Stellenangebot wurde der Hinweis gegeben, dass die Pflegedienstleitung, Frau Wehmaier, für weitere Fragen zur Verfügung steht. Die Bewerberin hat die Initiative ergriffen und vorab im Krankenhaus angerufen, um mit Frau Wehmaier zu sprechen. Gut gemacht! So konnte die Kandidatin schon einen ersten persönlichen Eindruck hinterlassen und bleibt der verantwortlichen Entscheiderin, die ein gewichtiges Wort mitzusprechen hat, eher im Gedächtnis. Im **Anschreiben** kann sie so die Ansprechpartnerin namentlich nennen und sich im ersten Satz auf das freundliche Telefonat beziehen. Danach stellt sich die Kandidatin geschickt vor, indem sie angibt, auf welchen Stationen sie bisher überwiegend gearbeitet hat. In den weiteren Absätzen geht sie auf einige Anforderungen aus der Stellenanzeige ein. Damit zeigt sie, dass sie sich die Anzeige genau durchgelesen hat und die gestellten Erwartungen erfüllt. Außerdem erwähnt sie bei der Betreuung ihrer Kinder nicht nur den Kindergarten, sondern auch ihre in der Nachbarschaft lebende Mutter – eine zusätzliche und wichtige Sicherheit, um flexible Dienstzeiten absolvieren zu können. Der Schlusssatz klingt selbstbewusst, da er nicht im Konjunktiv formuliert wurde.

Dem Lebenslauf wird ein ansprechend gestaltetes **Deckblatt** vorangestellt. Es enthält die persönlichen Daten, die Adresse im Briefkopf sowie ein sehr gut gelungenes Foto. Die Bewerberin schaut den Leser intensiv an. Der dunkle Hintergrund und die Helligkeit des Gesichts machen das Foto besonders interessant. Der Kopf ist oben am Haar ganz leicht angeschnitten. So entsteht Dynamik.

Der 2-seitige **Lebenslauf** ist klar gegliedert und äußerst übersichtlich. Die wichtigsten Positionen können schnell erfasst werden. Der Lebenslauf beginnt mit der Berufspraxis und listet zuerst die aktuellsten Stationen auf. Es spricht sehr für die Kandidatin, dass sie sich beim ersten Punkt »Familienphase« auch auf berufliche Erfahrungen, die sie in dieser Zeit gesammelt hat, bezieht. Sie gibt ihre Vertretungsdienste im Krankenhaus an und weist auf die Weiterbildungen hin, die sie unten einzeln auflistet. Bei den Tätigkeiten ist auch zu lesen, auf welchen Stationen Frau Özden bereits gearbeitet und Erfahrungen gesammelt hat. Ebenso sind die Aufgaben ersichtlich, für die sie bisher schwerpunktmäßig verantwortlich war. Ähnlich wie bei der Berufspraxis sind die einzelnen Weiterbildungen hier von neu nach alt aufgelistet. So sehen wir die aktuellste Weiterbildung an erster Stelle. In der Rubrik »Kenntnisse und Interessen« wird auch ein Ehrenamt der Kandidatin erwähnt – ein Hinweis auf ihre soziale Kompetenz. Sie hat auch nicht vergessen, den Lebenslauf am Ende mit Ort, Datum und Unterschrift zu versehen.

Schließlich fügt Frau Özden ein Anlagenverzeichnis bei, durch das die mitgelieferten Zeugnisse und Zertifikate schneller aufgefunden werden können. Hier wäre es allerdings besser gewesen, wenn sie die Zertifikate der Weiterbildung in der gleichen Reihenfolge angegeben hätte wie im Lebenslauf. Sie sind hier in der umgekehrten Reihenfolge aufgelistet und beigefügt.

Fazit: eine optisch ansprechende, aussagekräftige Bewerbung – aus der Familienphase heraus –, die garantiert Interesse an der Kandidatin weckt.

Den Text der Stellenanzeige und die erste, schlechte Version dieser Bewerbung zeigen wir Ihnen im Internet unter *www.berufsstrategie-plus.de*.

Was Sie noch wissen sollten

Das Autorenteam Hesse / Schrader ist seit über 30 Jahren auf dem Sektor der Bewerbungsratgeber sowie zu weiteren Themen aus der Arbeitswelt publizistisch tätig und hat im Laufe dieser Zeit mehr als 200 Bücher veröffentlicht. Am Anfang stand die erstmalige Veröffentlichung aller gängigen sogenannten Intelligenztests und deren kritische Reflexion in dem Buch *Testtraining für Ausbildungsplatzsucher* (1985) – allein dies inzwischen mit einer Gesamtauflage von knapp einer Million Exemplaren. Besonders interessant für die Bewerbung sind die Bücher im DIN-A4-Format, z. B. *Die perfekte Bewerbungsmappe*. Sie zeigen Musterbewerbungen im Originalformat.

Beide Autoren verfügen über eine langjährige Erfahrung als Seminarleiter bei Test- und Bewerbungstrainings. 1992 gründeten sie in Berlin das Büro für Berufsstrategie, das ausschließlich Arbeitnehmer in allen erdenklichen beruflichen Fragen berät und unterstützt.

LERNTEST

Lösung 10. Lerntest :
b, c, d, e, f, a

Auswertung der 10 Lerntests

Addieren Sie die richtigen und subtrahieren Sie die falschen Lösungen (jede richtige ist einen Punkt wert, die falschen bringen jedoch jeweils einen Minuspunkt). Maximum: 30 Punkte!

Ihr Ergebnis:

Unter 15 Punkte:
Sie sollten unbedingt üben und alles nochmals lesen.

15–19 Punkte:
Ein noch recht schwaches Ergebnis, beschäftigen Sie sich mit den Wissenslücken.

20–24 Punkte:
Schon wirklich gut, Sie sind auf dem besten Weg.

25 und mehr Punkte:
Prima, Sie haben alles verstanden! Herzlichen Glückwunsch!